YUJIAN
JUEZHIDE ZIJI

陈非子 著

遇见
觉知的自己

中国华侨出版社

图书在版编目(CIP)数据

遇见觉知的自己/陈非子著. —北京:中国华侨出版社,
2013.2

ISBN 978-7-5113-3245-5

Ⅰ.①遇…　Ⅱ.①陈…　Ⅲ.①人生哲学－通俗读物
Ⅳ.①B821-49

中国版本图书馆 CIP 数据核字(2013)第 020821 号

● 遇见觉知的自己

著　者 / 陈非子		
策　划 / 周耿茜		
责任编辑 / 棠　静		
责任校对 / 孙　丽		
装帧设计 / 玩瞳装帧		
经　销 / 全国新华书店		
开　本 / 710×1000　1/16　印张 17　字数 230 千字		
印　刷 / 北京中印联印务有限公司		
版　次 / 2013 年 4 月第 1 版　2013 年 4 月第 1 次印刷		
书　号 / ISBN 978-7-5113-3245-5		
定　价 / 29.80 元		

中国华侨出版社　北京市朝阳区静安里 26 号通成达大厦 3 层　邮编:100028
法律顾问:陈鹰律师事务所
编辑部:(010)64443056　64443979
发行部:(010)64443051　传真:(010)64439708
网　址:www.oveaschin.com
E-mail:oveaschin@sina.com

自　序
放下比较，觉知自醒

　　有读者告知，她迷上了灵魂的修为，还认为，如果说 20 世纪是情感世纪，21 世纪就将成为意念力世纪。就是说，未来人——只要他愿意——他就能凭借意念力的修为超越各种极限，成为一个自我实现的人。

　　比如，一个女人感觉自己是 20 岁，她就能永远保持在 20 岁；一个人感觉自己是成功者，他就一定能成功。为此她问非子，果真那样，那意念力不就成了炼丹术了吗？真有那么神吗？

　　下面是非子的答复：

　　毫不夸张地说，还真有那么神，但意念力的生成也要有条件。下面这件事是真事，几年前，此事被当作经典案例刊登在伦敦一个叫 Lancet 的国际顶级权威医学杂志上，引起了轰动。

　　有位女士被爱人抛弃后精神受到极大刺激，她丧失了对时间的感知能力。就是说，她永远停留在被抛弃的那一刻，再也感受不到时间的流逝。

　　她每天都站在窗前，等待爱人的身影，她相信爱人一定会回来，几十年如一日。70 年过后，一群人（包括医生）发现了她的情况，认为她也就 20 岁。因为从表面看，她脸上没有皱纹，皮肤和少女一样白皙光滑，头上没有一丝白发，身体也看不到年老的迹象。

　　这是怎么回事？人们感到奇怪。原来，这位女士的精神信念控制了她的身体变化，她坚信自己生活在爱人离开的时候，她相信爱人会回来。就是这个信念让她的身体出现了"我想，我有"的奇迹。

然而这里有一点值得注意，即这个女人"相信自己永远在 20 岁"的信念不是她有意识的结果，而是她无意识的结果。她在等爱人时并没有说："好吧，让我来等你吧，那样我就会永远年轻，永远不老了。"她并没有那样想。如果她那样想，一切就都不会发生了。她既不会每天站在窗前等爱人，她的脸部和皮肤也不可能不发生一个自然生命所发生的变化。

为什么？

因为一种受用的信念是空的结果，是自然的结果，不是刻意的行为。如果你刻意那样做，就不叫信念了，刻意的行为叫欲望。舍此不会有奇迹。这就是意念力的奥秘，也即非子前面讲的，为什么说意念力的生成也要有条件。

什么是自然？

自然来自于人的潜能，来自于人的无意识。不管是潜能还是无意识，其实都受到世界整体（奥修将宇宙、造物主等称为整体，本文引用奥修的说法，以此为据）的支配。

以上述的女人为例，她在等爱人的时候，完全是无意识的：没有欲望，没有计划，没有设计，没有患得患失，或者可以用那个词，她有股子"走火入魔"的劲。

就是说，她在做那件事的时候，并没有想到事情的后果，她没有想："如果我这样等他，他不来了我怎么办，他来了不爱我我怎么办，他来了再带来一个女人我怎么办，那个女人跟我争风吃醋我怎么办……"这些患得患失的问题，她一个也没有想，连往那方面想的念头也没有过。

半个多世纪，她想的只有一件事，就是她的爱人，她爱他，这个爱从未改变，她相信他一定会回来，她坚信她与他的爱永世长存，因此她才愿意永远生活在她与爱人有过的场景。

这就是意念力的奥秘，意念力的生成就这么简单，它需要一个简单

的人，自然的人，没有算计的人，不计得失、不计利害的人。这样一个人，他爱的时候就一门心思地去爱，不管他爱的是什么，人也好，物也好，或者事业和兴趣，他总有股一意孤行、勇往直前的劲。他想的永远是"我要……"，从来不想"如果……"。

你要是这样一个人或者你身边有这样的人，可以说，这个人就处在了空的境界。他空了，就没有多余的欲望，没有刻意的欲望，有的只是渴望。那个渴望不是目的，他没有目的，对这样一个人来说只有过程。

如果你生活在过程中，你一直在过程里自得其乐，可以说，你就是一个活在当下的人，一个简单的人、自然的人，也因此你就是一个幸福的人了。

怎样活在当下？怎样丢掉欲望？怎样才能做一个简单的、自然的人？

只有一个办法——空掉目的，空掉欲望。

怎么空掉目的，空掉欲望？

——开阔你的视野，改变你看待生活的方式。

怎么开阔视野，改变看待生活的方式？

——改变你的比较系统。

再讲一个故事，也是真事。

他曾是一名中国留学生，在瑞典留学。正是留学的经历改变了他的比较系统，开阔了他的视野，也改变了他看待生活的方式。

他的小学是在山村里上的，他的比较对象仅限于他的同学，能在学校里考第一，就和世界第一差不多了。他最羡慕某个同学在县城里有亲戚，有一支六棱好铅笔（当时山村小学里用的都是两分钱一支的劣质圆铅笔）。那时他想，自己对这个世界唯一的需求就是有一支六棱的好铅笔，写起字来又黑又快。

由于成绩优秀，他考上了县城中学。这里都是各村的好学生，自己再不能稳拿第一了，于是就产生了嫉妒：比自己好的同学原来都有六棱铅笔，自己虽然也有，可太晚了，天道不公啊！嫉妒也会产生动力，经过几年的苦读，他又成为县中第一了。那时，他唯一的不满足就是没有一支好钢笔："人与人之间还是不平等的，为什么我就没有好钢笔呢？"

中学毕业后他又考上了大学，而且是在北京，在这个世界上还有什么希求的呢？没想到，好景不长，没过一年，他的学习成绩在班上不但没有名列前茅，就连中等也保不住了。

为什么呢？

原来城里的同学都是好铅笔成堆，好钢笔成把，早上鸡蛋、牛奶，晚上香花、水果学出来的；他们的父母在办公室里一坐，往机床边上一站，每月几十块钱就到手了。而自己呢，早上一个窝头还舍不得吃完，给晚上留一半；父母如牛似马地在地里爬来爬去，一年也挣不到几十块钱。后来，他出了国……

他说："现在我到了国外，亲眼见到五光十色的世界，嫉妒、自卑、怨恨突然一扫而光了。这使我百思不得其解，为什么？为什么这些像毒蛇一样缠绕我几十年的幽灵，会在一个早上不翼而飞了呢？

"原来，自己的比较系统发生了改变，看到的不再是自己的同学、同事和邻居，而是看到了整个世界。这浩瀚无垠、气象万千的世界使我认识到，坐井观天的个体争斗只是一个苦果，好比自相残杀，而追悔过去的比较方式只能使自己步步后退。从小学到大学，自己的比较方式没有扩大一步，自己的比较方法没有一点提高。

"而世界就不同了，世界才能让人看到民族、国家和未来。你看，我现在一点都不嫉妒这里的瑞典同学了，而是更多地想到了自己的责任。"

文中，这位中国留学生用了一个词：比较系统。改变自己的比较系统，这就是问题的关键，这就是看待生活的方式。你用窄的方式看生活，你的心胸就永远狭隘；你用宽的方式看生活，你就开放了心胸，也放开了眼界，而当你心里装下更多的人、事时，以往的嫉妒、怨恨、自

遇见觉知的自己

卑就不在了，取而代之的是宽厚与包容、仁爱与理解。

这就是改变，一个人的改变就这么简单，只要你改变了你的比较系统，不再跟别人比，不再在别人的拥有里找痛苦，痛苦就没有了，不在了，消失了。痛苦原本就不存在，是你看待生活的方式让你痛苦，是你偏执的比较系统让你纠结。

反过来，不去比较，不跟别人比，只跟自己比，再看看，痛苦就没有了，缠绕自己多年的毒蛇就跑掉了，原来那个毒蛇不是别人，就是你自己。你用窄的比较系统禁锢自己，你越想挣脱，禁锢就越紧，以至于你因嫉妒而盲目，被怨恨毒化，被自卑烦心；你改掉那个窄的比较系统，把它换成一个宽的，你的世界马上就变成了一个宽广的世界，在这里你的眼界开阔了，你的心情也开朗了起来。

而当你不再去比较的时候，你就享受过程了。就像这位中国留学生，一直以来他都没有享受过程。尽管他很努力，他努力完全是为了超过别人，跟别人比较，结果他发现，比较永远没有尽头，烦恼处处跟你作对。只要你不改变你的比较系统，在任何一个地方和任何人在一起，比较带来的失衡与烦恼，总会让你不痛快。

然而一旦改变了旧有的比较系统，放弃了跟别人的比较，突然发现，一切都是那样地新鲜，一切都是那么地美好，生活美好，过程美好，努力美好。这就是顾拜旦那句话的深意了："一生中重要的不是成功，而是努力。"

什么意思？

意思就是：人应该明白，努力的意义就在努力本身，成功的价值也在努力本身。你努力了，竭尽全力，那本身就是一件有意义的事，在那件有意义的事情里你成长了，进步了；经历了这个有意义的过程，别人是否赞你成功已经不重要了，重要的是你经历了意义，享受了过程。

这就是觉知，这就叫作觉知，只有觉知能让一个人从本质上明白生命的意义和价值；只有站在整体的高度，人才能丢掉偏见，获得觉知。

进一步，在清凉的觉知里，公正的信念悠然升起。

由此可见，信念的生成有两种，一种是绝对的偏执，一种就是觉知。绝对的偏执当属非常态，像前面那个女人。但有的人很少有觉知，由此生出的烦恼和焦虑，让人的快乐大大地流失。殊不知，走出烦恼和焦虑，只有觉知：丢掉小我，走出局部；回归大我，走进整体。到那时，即使生活还有烦恼，烦恼也难不倒你，因为觉知就意味着接受整体：拥抱快乐，也拥抱烦恼；拥抱无虑，也拥抱焦虑。这样一来，你还有烦恼吗？

没有了。

为什么？

因为你相信生活，一如你信任整体。

有了这样的终极信念，你就有了一份灵性的生命，而一旦灵性的生命根植于心，它就能带领你的意念超越身体极限，帮你梦想一切，让你的梦想成真。

只有信念没有觉知，信念恐怕会有偏执；让觉知启动信念、带领信念，这样的人生才够精彩、够意思。

遇见
觉知的自己

目　录

遇见觉知的自己

遇见
觉知的自己

第一章　觉知的意念：信念

一、种下的是想法，收获的是命运

世界就是你的外化，世界就是你的镜子，你是什么样的人，你的世界就是什么样子。

你是谁？

你就是你自己想法的总和。

奥修如是说。

你每天想什么，你就是什么样的人，你就是你每天想着的那个人。

你每天想人际是非，你就是一个是非的人。

你每天想如何取巧，你就是一个钻营的人。

你每天想少干一点活，多拿一点钱，你就是一个爱占便宜的人。

你每天想做白日梦，期望天上掉馅儿饼，你就是一个没有目标的空想人。

你每天想踏实工作，做好自己分内的事，除此以外别无他求，你就是一个螺丝钉一样的人。

你每天想充实兴趣，让自己的兴趣服务公众，服务社会，并为此努力，你就是一个有务实精神的理想人。

你每天想如何攻克项目，每天都希望自己能有所突破，并为此努力，你就是一个开拓进取的人。

你每天想怎么帮助别人，给予别人，并把给予他人的想法落实于行动，你就是一个有境界的人。

你每天被梦想叫醒，希望每天的太阳是新的，同时又把你的热情注入你热爱的事情，并持之以恒，不抛弃，不放弃，你就是一个有创造性思维又充满创造性活力的人。

你每天想什么，你就会说什么；你每天想什么和说什么，你就会做什么；你每天想什么、说什么和做什么，你想的、说的和做的就会成为你的习惯，进而习惯变成你的性格，性格造就了你的命运。因为思想是种子，你撒下什么样的种子，你就收获什么样的人生。

所以不要怪别人没有看中你，不要怪你生不逢时，不要怪你命中没有伯乐，不要怪你的命运太背气。要怪只有怪你自己，是你先有了背气的想法，才有了背气的行动，又有了背气的习惯，就有了背气的命运。

也因此，对于那些成功者而言，因为他想的是成功，说的是成功，做的也是成功，所以他的命运他掌握，就成了他顺理成章的幸运；而你呢，因为你想的是投机，说的是大话，做的是虚伪，所以你的命运你糟践，就成了你该有的觉悟和反省。

当然，严格说来，一个人不可能每天只想一件事。这里说的所想，是指你习惯的想法和念头，不管你此刻在做什么，工作也好，消遣也好，总有一个习惯性的想法在支配你、引领你。这里说的所想，就是支配你和引领你的想法和念头。也正是引领你的想法把你带到了你该去的地方。

总之，你现在得到的，就是你在过去的某时某刻所想的，是你一直以来的想法成就了你的命运：你是你自己的救主，也可能是你自己的祸害，好坏全在你自己，没有别人。

就是那句话："外面没有别人，只有你自己。"

世界是你的外化，世界是你的镜子，你是什么样的人，你的世界就是什么样子。你乐观，你的世界就乐观；你悲观，你的世界就悲观；你

遇见 **觉知的自己**

混浊，你的世界也混浊；你干净，你的世界也干净。仔细想想你周围的事物，包括你认识的人，你对他们的看法，是否就是你想法的外化和反应呢？

就像那个觉悟了的女人：

一个女人住在一个四合院，一直以来就与她对面的邻居搞不好关系，原因是，她总嫌弃对面人家的窗子不干净。有一回她在庙里跟师父讲了她心里的不痛快，并邀请师父来她家看看，为她见证她指责对方的正确。师父来到她家后就跟随她的指引来到她的窗前，定睛一看，二话没说，就告诉她说："你先拿抹布来，先把你的玻璃擦干净。"

很快，当女人透过擦净后的玻璃再去看对面邻居的窗户时，她不说话了。这时她才醒悟，原来，别人的不净起始于自己的不净，自己先干净了，别人也就没有不净了。明白了这个道理，女人惭愧地低下头来。

这个故事不复杂，但它阐述的道理却不简单。试想，如果这世界上的每一个人都像这个女人一样地去看问题，都不去检讨自己，而是一味地指责别人，这个世界将会成为什么样子呢？

实际上，今日世界之不尽如人意，正是我们每个人指责他人又粉饰自己的结果。你觉得别人不好，你就用他的不好来对付他；你觉得世界脏，你也学会用脏的手段去对付别人。好好想想开篇提到的前五种人，投机取巧也好，不思进取也好，其想法，怕都是来自于他本人看待世界的方法和观念，由此生成的人生态度，最终决定了人的不同和命运的好坏。

可见统称为"想法"的思想，其质量有着天壤之别：有人活在实质，有人活在表面；有人活在质量，有人活在外观。活在质量的人，他们不为表象的观念所困扰，坚持聆听自己的声音，跟随自己的感觉。活在外观的人，他们总是纠缠于表象的观念，以为别人的话就是圣旨，以为随大流就是安全，他们习惯了人云亦云，随波逐流，又在看别人好过自己时，他不平的心态登时发作，他嗔恨的埋怨也一同发泄。

既然人的态度来自于人的思想，人的命运也来自于人的思想，可见，一个人的思想，就成了毁灭一个人也成就一个人的种子。由此也可以说，正确的思想导致正确的命运，错误的思想导致错误的命运。也因此，从一开始就培养正确的思想，就成了每一位心灵修为者的大命题、大缘分。

二、倾听自己，开启潜能

人没有呼吸，就没有生命；人没有感觉，就没有灵性。

你有听到过自己的声音吗？

那个遥远的、如天籁般的呐喊，又一次次地在夜阑人静时附在你的耳边对你说："我要——我要——我要！""我行——我行——我行！""我来了——我来了——我来了！"

这个令人惊喜又振奋的声音，你有听到过吗？

告诉你，世界上所有的伟人和成功人士都听到过这个声音：拿破仑听到过这个声音，贝多芬听到过这个声音，康德拉·希尔顿听到过这个声音，居里、爱因斯坦听到过这个声音，比尔·盖茨和乔布斯听到过这个声音，就连每一个走过死亡的癌症病患者也听到过这个声音。

这是什么声音？

这就是你自己的声音，来自于你心灵底部的声音。心灵底部的声音就是整体的声音。只有你简单到与整体合一，你才能听到自己的声音，也听到整体给你的使命。

整体在造人时给每个人使命，你只有推倒所有的戒律，你才能聆听到整体的使命。生活中有太多的戒律，这些戒律都是人为的，它们在一开始只是一种经验，一旦太多的人在还未经历经验时就接受了经验，经验的经验性就会弱化，反变成了制约人的思想和观念。

遇见 觉知的自己

比如，你太小，你不行；你不是这个专业的，你不行；你没有这个背景，你不行；你没有受过系统的教育，你不行；你没有这个资历，你不行；你没有这方面的关系，你不行；你患的是绝症，要想恢复健康，你不行，等等。

往往，失败的人不是被别人打败的，是被自己不行的观念打败的。不行的观念如同戒律，当你在头脑中举起不行的界牌时，不行的信息迅速传递，它挡住你的思维，捆住你的手脚，"僵化"了你的身体，因为，在你还没有证明自己不行就已经不行时，你就真的不行了。

这就是为什么，尽管有思想的人高于动物，也不能否认，一旦思想麻木了感觉，人与生俱来的潜能势必会受到思想的阻碍，这时的思想终于成了人的牢笼而不再是自由的主宰。因为潜能是一种感觉能力，而非心智能力。心智的提升确实会给人动物所没有的聪明和智慧，但要想让你的聪明准确无误、智慧有的放矢，心智的提升一定得有条件，那就是，它必须得根植于感觉而不能凌驾于感觉，更不能抛弃感觉而独立存在。

具体到人的意念，它的形成大体如下：人首先听到自己的声音，随后人的心智开始用自己的想象去印证这个声音，这种印证有时需要反复进行；接下来那个想象变成了画面，进而人又会在头脑中反复演练这个画面；终于有一天，那个画面变成了现实，你驰骋在现实的画面中，你终于梦想成真。

这也是为什么，拿破仑在带兵横扫欧洲之前，早已在想象中"演练"了许多年。有关成功者的史料告诉我们，拿破仑在上学时的读书笔记就已有 400 页之多。他把自己想象成一个司令，画出科西嘉岛的地图，经过精确的数学计算后，标出可能布防的各种情况。

世界旅馆业巨头康德拉·希尔顿在拥有一家旅馆之前，很早就想象自己在经营旅馆。当他还是一个小孩子的时候，就常常"扮演"旅馆经理的角色。成功后的希尔顿终于梦想成真，跟随自己的声音，他在世界各地建立起自己的连锁店。

亨利·凯瑟尔说，事业上的每一个成就实现之前，都在想象中预先实现过了。这真是奇妙无比！

难怪有人把"心理图像"称为"心理魔术"，这个比喻不过分。人之所以具有神性，正是他的"心理图像"和从中产生的自我暗示把人从动物的生存本能中解放出来，赋予他充满创造的想象力和能动性，而所有的想象与能动，无不是来自于那个最初的声音。

实际上，在千百万年来的穴居生活中，我们的祖先之所以能进化，靠的就是自身的感觉。他们听风，他们听雨，他们顺应着自然的喜怒哀乐，又心怀虔诚，对自然抱有一份深深的感激和敬畏。也因此，整体把最好的感觉赋予了古人，让他们在千里之外就能听见亲人的心跳，让他们在与自然的休戚中靠感觉捕捉欢乐，确定安全，躲避危险。

感觉是整体赋予人的最人性的潜能，它和呼吸一样，对人的意义不可小觑。人没有呼吸，就没有生命；人没有感觉，就没有灵性。

这一再说明，人是有神性的，这种神性并非迷信中的鬼神，它是我们人性中最具生命力的能动。我们每个人都有神性的能动，这宝贵的神性潜藏在我们的人性底部，只要我们开启对生命的热爱，它就会走上前来，与我们为伍。它拥戴公正，反对邪恶；它坚守健康，鄙弃病魔。它因着人性的美好，获得了常人无法超越的意志；又因着对生命的热爱，获得了常人无法承载的负荷。这就是为什么，生活中有那么多英雄，成为了我们的榜样；也有更多的癌症病患者，竟在死刑判决后，依旧坚守了生命的航程。

看过一期《星光大道》节目，我记住了一个特别的亲友团和那名特别的参赛者。他们都是被癌症判了死刑的人，但就因为他们不信神，不信鬼，偏偏相信对生命的热爱，他们首先打败了自己心里的癌症，成为自我神话的缔造者。

于是，每一个想好好活的人，都努力去倾听自己吧，让自己在心智提升的道路上跟随感觉，让自己在感觉的指引下开发潜能。

三、先对自己负责，才能对别人负责

每一个有幸来到这个世界上的人，其实都负有使命，那就是，对自己负责任。

什么是最终的满足？

做有意义的事，为自己负责任。

人生在世，什么最重要？

目标最重要。

有了目标以后，什么最重要？

意义最重要。

是的，意义。为有意义的目标而生活，而奋斗，就是一件有意义的事。除此之外，任什么样的享受都无法使人满足。时下很多人都不明白自己到底还缺什么，他们在物质世界几乎可以呼风唤雨，但他们的精神世界却处在极度的空虚和匮乏中。为什么？因为他们没有找到生活的意义；或者说，他们远离了生活的意义，把整体给人的精神圣殿弃之于荒野。

精神圣殿是上帝给人的心灵宝柜。每个人都有一个心灵宝柜，它埋在人的心灵深处，只有在你的精神不污染、不蒙灰的情况下，你的心灵宝柜才能开启，由此你的精神圣殿也大放异彩。

这也是维也纳精神病理学家维克多·弗兰克尔告诉我们的经验：人不会满足于物质享乐和没有任何压力的生活，只有当人负有责任感地去面对困难、处理问题时，他的生活也才有意义，他才能获得最大的幸福与满足。

关于这个意义，苏联社会学家做过试验。他们把试验的地点放在一个工厂，参加试验的人分为两组，一组被规定以奖金取胜，另一组不拿奖金，但他们可以参加产品的研制，并参与研制成果的提成。

结果显示，参加产品研制的工人不仅大大提高了产品质量和工作效率，还在开发潜能的过程中获得了极大的满足；而只拿奖金的工人呢，尽管奖金也是一个目标，但因为单纯的物质奖励缺乏创造性，日复一日，工人终于在这种吃奖金的工作中养成了惰性。

这个实例，也许能让你了解弗兰克尔说过的另外一句话，也即他关于生活意义的定义——为自己负责任。

有人认为开发潜能就是随心所欲，是最大的任性，这显然是谬误。

没错，潜能有两种，由此激发的创造也有两种：一种具有破坏性，一种富有建设性。关于这一问题非子会在后面阐述，这里只想陈述结果，即破坏性创造从私欲出发，以个人野心为目的，终将导致自身的分裂和人性的毁灭；建设性创造从整体出发，以公众利益为己任，终将获得整体的和谐与人性的进步。所以前者错误，后者正确；后者才是正确的想法和选择。

了解了这个差别，理解什么是为自己负责任就容易了。

长期以来，人们总在提倡为他人负责任，殊不知，如果没有对自己的责任，为他人负责就会变成空话，或者成为对他人的非难。这在家庭关系中尤为明显，母亲为孩子负责任，丈夫为妻子负责任。但因为自己都不完整，交付的责任常常陷入误区和非常态，要么母亲强迫孩子做他不想做的事，或者丈夫对早已厌倦了的妻子敷衍了事，结果不是激起对方的逆反，就是造成彼此的猜忌，以至于这种旨在表明身份的责任非但未能负起责任，还导致了双方的紧张和分裂。

人只有先对自己负责，才能找到有意义的事。什么是对自己负责？就是对自己要做的事和做过的事有所觉知，有所反省，进而从觉知和反省中不断醒悟，不断进步，这样才能对自己有所交代。

你随心所欲，你对自己就没法交代；

遇见 觉知的自己

你一味任性，你对自己就没法交代；

你利益熏心，你对自己就没法交代；

你因善小而不为，你对自己就没法交代；

你因恶小而为之，你对自己就没法交代；

你轻易抛弃放弃，你对自己就没法交代；

你为攀比用小人手脚，你对自己就没法交代；

你为逃避责任而文过饰非，你对自己就没法交代；

你为金钱梦出卖国家和灵魂，你对自己更没法交代。

是的，人活着，首先要为自己负责任，要对自己有所交代，要敢于为自己承担责任。哪怕是天大的罪责和失误，你也要勇敢地站出来说一句："好汉做事好汉当，我愿赌服输，我应该为自己的行为负责任。"

果真那样，你就是一个有责任心的人，到了天将降大任于斯人的时候，你才能无欲则刚，宠辱不惊，不管多顺利也不管多艰难，你都能涅槃自如，做一个零污染的人。

这也是圣严法师出家后最深刻的体会：

圣严法师出家后拜东初老人为师，跟随东初老人两年后，他决定去山中闭关。临走前他对师父说："我会努力修行，不辜负佛法。"

而师父给他的回应却是："重要的是，不要对不起你自己。"

顿时，这句话重重地打在了圣严法师的心窝处，让他醒悟，原来一个出家人的使命并非度人，而是自度，先把自己度到彼岸，度人就不是自己的事，而是整体的事了；或者说，是整体通过你来度人，你将永远是一支空中的笛子，你把自己交给整体，整体通过你唱出人间最美好的歌。

由此推想，这件有意义的事，应是每个人的使命。每一个有幸来到这个世界上的人，其实都负有使命，那就是，对自己负责任，为自己守住良知的底线，在堪称人的底线内发挥潜能，这样的潜能才能造福自己，造福社会，造福更多的人。

就是你对自己的交代。

四、我想，我梦，我吸引

只有意念没有意志，意念就失去了赖以支撑的主心骨；有意念又有意志，人才能在意志化了的意念中生出信念和毅力。

如果有人告诉你说，你的命运是由你自己"画"出来的，你一定觉得奇怪。但这是事实，这个事实已被无数个伟人和成功人士验证了。这就是我们每个人固有的"心理图像"，也是自我暗示的来源。

什么是"心理图像"？"心理图像"是怎么形成的？

原来，每个人的自我就像是一部电脑，要由自己来输入数据和编程。你的生活环境，你童年的经历，别人对你的评价和反应，你从过去的成功和失败中获得的经验，都会为你提供"我是谁"的数据信息。你通过反复编程把自己的形象输入"电脑"，于是，在你的心灵深处就出现了一个能够指引你思行方式的自我意向。

编程过程中，是谁在为你操控？是自我暗示。自我暗示最初来源于你的心理图像，但因为人有想象的禀赋，想象力又会改变你的自我暗示，反过来再重新修改你的心理图像。

通常，一个人的想象力越丰富、越牢固，他的自我暗示也会越发清晰和坚定。这就是我们平常所说的"跟着感觉走"，或者叫作"直觉的牵引"。

实现理想的过程中，人的目标会根据现实情况加以调整，但如果不是有意纠正，自我暗示的"主调"不大会发生根本的改变。比如，你的自我暗示是光明的，你的总体生活就是再挫折，也不会偏离阳光；如果你的自我暗示从一开始就很阴暗，即使外面天空晴朗，你的人生也很难离开阴雨和泥泞。

遇见觉知的自己

结果，积极的暗示让你梦想成真，消极的暗示让你美梦难成。这就是心理学家用一个生动的比喻告诉我们的：正确的梦导致正确的人生；错误的梦导致错误的人生；没有梦，就没有人生。

于是，让自己做梦，就是今天的心理学要教给人们的自觉的能动。而在科学家和艺术家的创作活动中，这种自发的能动又一再通过真实的梦境证实了人们所说的"日有所思，夜有所梦"。

这就是吸引力法则，这个法则告诉我们：你生命中所发生的一切，都是你吸引来的。它们被你心目中所保持的"心理图像"吸引而来，它们就是你所想的，不管你心里想什么，你都会把它们吸引过来。

这个秘密，这个法则，在艺术家和科学家身上得到了充分印证。

先看歌德：歌德在创作《少年维特之烦恼》一书时曾得到过他的一个同学为恋爱自杀的消息，就在那一刻，他突然看见一道流光在眼前闪过，接下来他就完成了他的小说。他在两周内把稿子一气呵成，写完后再复读一遍，自己都觉得诧异，他说："这部小册子就像是一个患上了睡眠症的人在无意识之中写成的。"

翻开《少年维特之烦恼》，可以清楚地看到青年歌德钟爱夏绿蒂，在痛苦中蒙念自杀的经历。实际上，这本书的构思在歌德的潜意识里酝酿了很久，他同学的自杀和他自己的经历十分相似，正是这个相似点成了歌德需要的导火索，进而自然地把潜伏在歌德心灵深处的思想和感情一齐引发了出来。

再看瓦格纳：音乐家瓦格纳在他的《自传》中说，他在创作莱茵河的三部曲时，一个开场调一直出不来，一次他乘船过海，昼夜不能安眠。一天午后，他倦极微睡，睡梦中他感觉自己沉到了激流里，澎湃的激流声犹如一种乐调，醒来后的瓦格纳迅速记下梦中的乐调，不久瓦格纳三部曲的开场调就在他梦中的激流声里诞生了。

作曲家塔季尼的创作就更神了：他在梦里把自己的小提琴交给一个魔鬼来演奏，令他惊奇的是，魔鬼奏出了美妙的音乐。塔季尼醒来以后立刻记下了梦中的乐曲，这就是人们后来经常演奏的《魔鬼之歌》。

英国社会学家罗素说："当我著书的时候，我几乎每夜都梦见书的内容，我不知道那是新思想的产生还是旧思想的新生，我常常梦见整页整页的书，并在梦中诵读它们。"

为此，剑桥大学的教授对一些科学家的工作习惯做了一个调查。调查中发现，有70%的科学家承认，他们确实从梦中得到了帮助。幻梦的作用是如此奇妙，难怪科学家们会风趣地说："先生们，让我们带着要解决的问题睡大觉去吧！"

读到这里，您可能就要问了，这些艺术家和科学家，他们睡梦中出现的那些想象不完全是无意识的吧？又或者，那些梦境跟他们白天的想法有关联，甚至受到他们本人的支配吧？

您猜对了。已有研究表明，对人来说，尽管是做梦，梦中的想象并不是自由的空想，它们是有"来处"的，具体到艺术家和科学家，梦境之所以能带来创造性灵感，与创造者本人"有准备的头脑"是密不可分的；或者说，他们梦中的奇迹，恰好是他们"理性的头脑"长期努力的结果。

而这种"有准备的理性头脑"对梦幻的作用，也在如下三个方面，一再证明了意识与潜意识的吸引和互动：

首先，心理学测验表明，人的梦十有八九出现在眼动睡眠阶段，此阶段的脑电波与清醒时的脑电图颇为相似。也因此，"日有所思"，才能"夜有所梦"，即白天思考所造成的优势兴奋中心或强或弱地制约着晚上做梦的内容。心理学家猜测，此阶段实际上是对大脑接收的信息进行回顾、整理、淘汰和选择，它甚至还能召回人在意识中已经遗忘的东西。

实际上，"日有所思，夜有所梦"适用于所有的人，不管好事坏事，如果一个人在潜意识深处反复地想一件事，这件事就有可能在他的梦里出现。

这也符合了潜意识的运作规则。通常，人脑中的潜意识只要反复出

遇见 **觉知的自己**

现，反复呼唤，意识就不能不理它，更不可能忽视它，长此以往，当潜意识和意识达成一致时，它们对宇宙的共同呼唤就会吸引整体的注意，而刹那间的闪念或灵感，正是整体对那些艺术家和科学家们的回应和点醒。

艺术家和科学家都有共性，他们都是充满激情的人，且对自己的喜好有着特别的兴趣。如果按照罗洛梅的说法，原始生命力确是造物主给艺术家的特惠（科学家在某种程度上也是艺术家），那么这些人"集体无意识"中的疯狂就不足为怪了，而那些梦中的神奇，也就成了他们顺其自然的业绩。

其次，人在做梦时无不受到潜意识的支配，而潜意识中的潜知、潜能和潜在的逻辑其实都积淀着大量的客观信息，也具有理性的因素。所以说，做梦看似无意识，也有意识的选择；所梦见的事物看似不真实，也有真实的成分。

最后一点最重要。现代科学已经发现，人何以能从一般梦境过渡到"神志清醒的梦"？具体到艺术家和科学家，他们何以能在醒来以后还记住自己的梦，并把梦中的创作引入到现实的创作中，其要素已不在潜意识本身，而在于能够统领潜意识的人的意志。

这也是成功者与普通人本质的不同。就是说，成功者和普通人最大的区别，并不在他是否开发了他的潜意识，而在于他的潜意识是否找到了意志，并在其意志的带领下升华为意念和信仰，从此赋予他生活的意义。

同样是生活，有意义的人和没有意义的人，他们的潜意识是不一样的：有意义的人，他的意志会统领他的潜意识，带领它走向服务大众、服务社会；没有意义的人，他千方百计地抵抗意志，生怕意志会干扰他的私欲。也许，他潜意识中的良知会有刹那的觉醒，但因为他意识中的私欲太过强盛，他良知的瞥见终究抵不过他自私的欲求，他体内的天使也终因失去了意志而无法战胜魔鬼。

举例说明，当年参加革命的人不计其数，但真正成为革命者的人只有少数。为什么？因为如果没有意志的带领，潜意识的呼唤也许会疯狂一时，却很难坚持到底。随着时光的推移和激情的褪色，迸发过的潜意识仍会自行褪色，甚或被其意识所质疑、所抛弃。

而意志，归根结底也是每一位心灵修为者的大武器、大要素。古人说，修身是大丈夫的事。何以称为"大丈夫"？指的就是一个人的意志。从古至今，欲修身者不计其数，真正的成道者寥寥无几。为什么？因为修身不但需要有信念，更要有意志。只有信念没有意志，信念就失去了赖以支撑的主心骨；有信念又有意志，人才能在意志化了的信念中生出使命和责任。

这种时候，潜意识已不再是孤独的孩子了，它有了父亲，也找到了组织。它与意识合二为一，成为一体，并在其意志的统领下挖掘出所有的潜能，且以此为途径，把它的主人变成了一个不分裂的、健康的人。

五、我想，我坚持，我梦想成真

这世界上本没有白来的幸运事，每一个幸运，说到底都是努力的结晶，更饱含了从量变到质变的艰辛和磨难。

2007年，一部名为《士兵突击》的电视剧火爆全国，一个名不见经传的农村兵许三多在"老A"脱颖而出。许三多的名言："好好活，做有意义的事"，也给很多人以鼓舞。

前面讲过，什么是有意义的事？有意义的事就是为自己负责任。

什么是好好活？好好活，就是做有意义的事。

这句没有豪言的心语普通得不能再普通，可谁都知道，要做到它，并不容易。

在许三多和王宝强同时火爆的日子里，很多人都说王宝强幸运。其

遇见觉知的自己

实这世界上本没有白来的幸运事，每一个幸运，说到底都是努力的结晶，更饱含了从量变到质变的艰辛和磨难。

王宝强也不例外。

见过王宝强的人，几乎没有人说他帅，顶多给一句"可爱"的赞美。可就是这个可爱的王宝强，在突击自己的岁月，赢得了近乎于传奇的崇拜。

我们不禁要问，王宝强的幸运是偶然的吗？还是他自己先画出了幸运的意念，而后拼命努力，才得到命运的青睐？

王宝强原是一个农民的孩子，和千百万农民孩子一样，在农村长大，在庄稼地里摸爬滚打。他没有受过高等教育，更没有学过潜能制胜、意念人生的课程，他就是一个普通农民的孩子。可普通的背景并没有阻止他的成才梦，他的梦想就是演电影，像《少林寺》中的觉远一样，好好练功，自强不息，惩恶扬善。

就像王宝强在他名为《向前进》的奋斗史里说的：

8岁那年，我看到了那部叫作《少林寺》的电影。

……那天晚上，我梦见自己也成了觉远。

……我为什么不是觉远呢？

我要去少林寺，去了少林寺，我就能成为觉远。

8岁，一个还在童真的年纪，在很多城里孩子还在跟父母撒娇耍性的年龄，王宝强，这个8岁的农民孩子，已经找到了自己的目标，把觉远这个出世小英雄深深地印在了自己的心里。

更可贵在于，自从找到心里的目标，王宝强就一路精进，一路追求，不管遇到怎样的艰难都不退缩，不管别人怎么说他都不改初衷，不抛弃，不放弃。

少林寺的6年，王宝强并没有得到拍电影的机会，但他记住了《霸王别姬》里的台词，"要想人前显贵，您必得人后受罪"；他也记住了师父的话，"梅花香自苦寒来"。

这两句话似乎在告诉王宝强，一旦你意念清晰，你要做的，就只有一路披荆斩棘，向前进了。

这也是为什么，当多数和王宝强一样有过电影梦的师兄弟在少林寺未能实现电影梦，就准备回去当教练的时候，王宝强踏上了北漂的路，并在列车进入北京西站后兴奋地喊出了自己的梦想：

北京，我来了，我要拍电影了。

一个15岁的农村孩子初来北京，人生地不熟不说，还要遭受外人的欺生和白眼，接下来就是找饭吃，找住处，为了实现梦想还得暂且放下梦想，为了人生的第一需要，梦想只能从打工开始。

可王宝强就是那么简单、乐观，只要有电影拍他就不放过，只要能拍电影他就高呼过瘾。虽然他那会儿演的全是群众演员，可他对每一个角色都很认真，每一回摔打他也都是真格演练。读了王宝强的成才路，也许你会说，王宝强是群众演员里的宠儿，没错，"群众演员不也是演员吗？"王宝强在日记里为自己申辩。

就这样，他把每一次机会都当成是最后一个机会，又在把握机会的同时不断强化自己的信念，让自己的电影梦通过练签名的方式愈加清晰、靠近。

就像他在自己的书里说的：

爸爸，妈妈。那天晚上我轻声呼唤着他们的名字，眼泪打湿了枕头。

第二天一早起床，我开始练习签名。

……

"宝强你在干什么呀？"同屋的人看着我的举动，觉得有点"神神道道"。

"啊，没什么。"

他们凑上来看了看，一个个都乐喷了。

"看啊，宝强在练签名呢。"

"没有，不是——"我用身体把签名挡住。

"别挡啊，别挡啊。"他们用力要把我推开，我拼命地去挡。

那个早晨就在这样的打打闹闹中过去了。从此我成了大家的笑料。他们心情好的时候，就会来逗我：宝强，来给我们签个名吧。

我却没有改变，依然在空闲的时候练习写自己的名字。

我想，我需要记住，我是谁。我也需要提醒自己，来北京的目标，是什么。

读到这儿，那些对王宝强的幸运不以为然的人，这才会打住叫嚷，低下头来，顿时醒悟：啊，原来王宝强的幸运并非偶然，那是他必然的命运。

而后他们会问自己：

你能像王宝强一样，在没有任何希望的时候蹲守北影厂，一蹲就是两年吗？

你能像王宝强一样，在没有任何承诺的情况下，居然步行10里路，只为去见一个导演吗？

你能像王宝强一样，在生活拮据的日子里仍坚持去拍照，给导演寄照片，寄过100张以后仍不气馁，想着，第101张也许会给你机遇吗？

你能像王宝强一样，在接拍《盲井》后就一路扎入角色，连煤矿死人，女主角逃跑，甚至在潮湿的井下连续拍摄30个小时都不动摇。这种执着的勇气，你有吗？

如果你能和王宝强一样，做到王宝强做的，并且有和王宝强一样的坚持和勇气，那你一定就不是现在的你了，你就是张宝强、李宝强，或者你是第二个许三多也说不定。

这就是意念，这就叫意念人生，这就叫——我的生命我做主。每个人都能为自己的命运做主，每个人都应该为自己的命运做主，只要你想，并按照你的想法去做，且在做的过程中一路坚持。果真那样，整体肯定会帮助你。

从这个意义上说，每一位成功者都是整体的宠儿。当他们坚信，我的命运就得由我做主，我的命运就会和别人不同时，那座门就打开了。开门者是整体的手，那座门是你的意志，你把你的意念牢牢地根植在你的意志里，任凭怎样的艰难都不动摇，你的意志终于感动了整体，整体为你开启了意念之门，你又从意念之门里感染到整体的力量和气息。

这一美妙的过程，王宝强在他的书里说得很到位：

我想我应该感激年纪，16岁的年纪，内心里永远燃烧着一种不明白从何处而来，但的确像山火一样旺盛的火焰。在这种火焰的作用下，你看不清周围的环境，但永远会盲目地相信自己的能量。所以，每一次两种力量无论怎样撕扯，第二天，阳光再次射进小屋的时候，我还是要按照自己的初衷去行事。

我可能没有看清很多东西，但我始终很清楚，我为什么要来北京，我在北京这座城市里要得到什么。

在艰难的日子和艰难的时刻，王宝强从未停止过对自己的追问，你能吗？

当王宝强给出"能"的回答后，再抬头，他已经走过泥泞和荆棘，他已经置身在鲜花和掌声中。

这就是意念给王宝强的回报，当意念变成信念时，意念就不是目标了，那就是你，连同你的过程。

六、你是自己的救主，也能成为自己的杀手

人在他自身内有两种可能，去实现哪一种，是由他自己选择的，而非由情境所决定。

你为什么叫"人"？人能选择自己的态度：很多时候你不能选择你的环境，但你有一个积极的态度，你就能超越环境，决定你自己的

命运。

每个人都是自己环境的总和。这里所说的环境不光指你出生的外部环境，比如你的家庭，你童年生活的影响人，你与这些影响人的关系；还包括你从你的影响人那里继承下来的基因和习惯，你对这些基因和习惯的辨别与认知，等等。所有这一切，就是你的环境，你就生长在你环境的土壤里。

很快，从这片土壤里长出了一棵树，这棵树就是你的世界观，你的世界观——也即你对生活的态度，就生长在你赖以生存的土壤里。这里需要注意的是，世界上没有两块相同的土壤，一如没有两片相同的树叶；而且，每个人赖以生存的土壤，也会程度不同地受到与之相关的环境人与其周边环境的影响与熏染。也因此，也许你和他的环境看似一样，究其细目，还是有很大的差别。

这也是为什么，同生在一个家庭的孩子，仍会有天壤之别了：比如，一个好动，一个好静；一个外向，一个内敛。又比如，同处在婚姻破裂的家庭，一个乐观，一个悲观；一个自私自利，一个乐于助人，等等。

今天的心理学已经认同了这样的理论，即人所需要的营养品，不见得会因其质量的上乘而发挥效用，人的心态和意念才是这些营养品真正的判官和接收人；进一步说，如果你的心态和意念很糟糕，即使是贵重的营养品也不能给你营养，它还会变成你的毒素也说不定。

可见，对人这样一个有灵性的动物，最受用的营养品并非食物，而是人对生活的态度。

可见，人才是自己的救主，他也能成为自己的杀手。

实际上，态度与营养品的关系，和态度与环境的关系是一样的。对于每一个人来说，你生存的环境固然重要，你对生活的态度却至关重要。

什么是态度？态度就是你灵性的开关。

你生命的开关，是你身体的呼吸；没有呼吸，就没有你生命的运行。

你灵性的开关，就是你生活的态度；没有积极的态度，就没有你灵性的生命。

而说到底，一个人的生命质量，正是他启动了灵性并尽情发挥的结果。

这就是今天的灵魂工作者们极力宣扬的潜能了。

什么是潜能？

潜能——就是意志化和意念化了的潜意识。

潜能有哪些好处？

开启了潜能，人就获得了超越于自身的力量；开启了潜能，人就脱离了各种羁绊，人得以和整体在一起，在无限的空间里自由驰骋。

有那么神奇吗？

有。

然而，积极的态度并非与生俱来的，即使你生在一个阳光家庭，也并不意味着你本人就一定是一个阳光儿童。态度的生成更多地来自于本人的素质，而不仅仅是他的生活环境。虽然不否认，早年的环境对一个人世界观的形成很重要，但更重要的还是他本人的素质，也正是在人素质里，整体放置了给每一个人的因缘和使命。

提到使命，人们总以为使命是好事，是伟大事业的代名词。其实使命在整体那里不过是一个中性词：对人类而言，使命有好坏之分；对整体来说，使命没有优劣之别。整体考虑的是整体的需要，而不是个人的需要，这样的需要除整体外，没有一个个人可以权衡和定夺。

这就是为什么，任何一个社会，不管其制度如何，总会有好人与坏人了。好人有好人的使命，坏人有坏人的使命；一如天使有天使的使命，魔鬼有魔鬼的使命。天使的使命是：他绝不会因为这个世界不可能没有魔鬼而放弃与魔鬼的搏击；魔鬼的使命是，他绝不会因为天使的正义而放弃对天使的反抗。

恩格斯说："恶——是人类历史发展的杠杆。"

这句话，要不是站在整体的高度，绝不会发出对恶的如此"由衷"的"褒奖"。

事实是，在我们从小到大的生活中，魔鬼一直隐藏在我们左右，有时是身内的魔鬼，有时是红尘中的魔鬼，他们时时"窥测方向，以求一逞"，从不肯离我们半步；甚至可以说，人对真善美的渴望，正是源自于魔鬼的作祟和作梗。每一个坎坷艰难，每一次失望痛苦，不管是坏人的阻挠，还是恶业的惩处，正是魔鬼的冷箭，让我们深感命运的不堪，却也在喜遇天使后，我们体味到觉知的清凉和接受的轻松。

是的，觉知给人清凉，接受让人轻松。正是这种积极的态度，让我们从以往的困境中走出来，在觉知中理解，在臣服中接受；也正是这种积极的态度，让我们看到人与生活的多种可能性：天使固然美好，若不坚持，他也会变成魔鬼；魔鬼固然邪恶，一旦蜕变，他也能成为天使的朋友。

所以，对人来说，你命运的决定因素不在环境，在你的态度：积极的态度是一把钥匙，帮你打开潜能；消极的态度是一副枷锁，把你封闭和禁锢。

提起三毛的名字，至今仍让人惋惜和心痛，但要追究三毛的生活环境，似乎她不该有那样的感伤和悲鸣。

三毛的父亲是一位律师，他与三毛母亲的婚姻也没有给三毛阴影，三毛的父母很爱三毛。三毛的家境并不贫困，三毛在物质上也没有吃过什么苦。但三毛从小就很敏感、孤僻，直到她用自己的手结束了自己美丽的生命，可以说，三毛的命运，正是源自于她对生活消极的态度。

三毛一生为情奔走，为情呐喊，最后为情绝望。但随着时间的推移，她本人的命运成为更多觉知者的借鉴与警醒。

然而这样的态度，也许就不该是我们的榜样了；相反，像露易丝·

海一样，正视自己，正视环境，接受命运，一旦你学会了接受和臣服，你体内的天使即刻展翅，连同你认定的魔鬼也顿时消散，蜕变成你新生的勇气和力量。

如果你读过《生命的重建》，你不会不被露易丝·海的遭遇所震惊，也为她自强不息的修为所感动。

当露易丝还是一个 18 个月大的小女孩时，她的父母就离婚了。当母亲因为要去当保姆而把小露易丝交给别人时，她连续哭了 3 个星期，内心充满了惊恐。很快露易丝的母亲就给她找了一个继父，但这个男人很残暴，又赶上当时的大萧条，露易丝发现自己陷入了暴虐之中，那时她只有 5 岁。

接下来，露易丝又遭到了一个老酒鬼的强暴。尽管这个男人被送上了法庭并判了 15 年徒刑，但露易丝心里的创伤从未有一丝的减弱和弥合。她童年的大部分时间都是在忍受身体和性的虐待中度过的，加上繁重的体力劳动，生活在这样消极的气场中，露易丝的形象越来越差，觉得哪儿都不对头。

小学四年级的晚会上，同学们都去切蛋糕，一些每天能吃到三四块蛋糕的孩子竟然拿到了两三块，可轮到露易丝时，一块蛋糕也没有了。后来露易丝才明白，并不是别人故意要欺负她，而是她毫无价值，不值得拥有任何东西的暗示把她摆在了最后，得不到蛋糕。那种对自卑的暗示是她很久以来固有的思维模式，而得不到蛋糕，只不过是那种暗示的反射而已。

为告别旧有的模式，露易丝走了很长的一段路：她先是急于把自己的身体交付一个对她好的男人，直到她生下一个女孩后她才发现，她一点也体会不到做母亲的快乐。

直觉告诉露易丝，不能再继续这样的生活，于是她把女儿送人，结束了第一段婚姻，决定开始新生活。

露易丝的第二任丈夫是个优秀的英国绅士，她与这个男人的恋情维系了 14 年。正当她认为好事能长时，这位绅士对她说他要跟另一个女人结婚。这个突然的变故让露易丝几近崩溃，但她没有崩溃，7 个月后，露易丝前往纽约的科学教堂，参加了那里的聚会，在那次聚会上，当直觉告诉她"关注他们"时，露易丝知道，她的生活改变了。

不久露易丝又被告知，她得了癌症，但这时的露易丝已经能够坦然面对了。她知道，癌症是由埋藏已久的怨恨所引发的疾病，对每一个癌症病患者来说，切除癌变固然重要，但如果不是从思想上找到病根，也许病态的思想还会引发别的疾病。所以，从思想上切除病根，其实比切除癌变更重要。

就这样，露易丝在接受病理治疗的同时，也开始了对自己的心理治疗。正因为有了这次宝贵的经历，她才得以写出《生命的重建》这本被誉为心理励志的开山之作，为无数个心灵迷途者提供了积极的经验和受用的帮助。

考门夫人在她散文诗一般的名著《荒漠甘泉》里告诉我们："患难每一次来找你，手里都拿着一块黄金。如果我们能在患难中耐心等候，患难最终就会变成我们的祝福。"

考门夫人何以对患难有如此的信念，也是来自于她的经历。考门夫人 19 岁与查理考门相遇，一见钟情，很快就嫁给了这个男人，并开始了他们的新生活。然而就在两人携手 24 年后的一天，考门夫人突然病危，为此丈夫虔诚祈祷，从未有过一天的不真与懈怠。不久考门夫人奇迹般地恢复了健康，也加深了对生命的信念和对丈夫的爱。

又是一个 24 年过去，考门先生也患了重病，这一病就是 6 年。6 年的日日夜夜，考门夫人守在丈夫身边，从未失去过信念，其间她时时忆起自己与丈夫在非洲时的情景，仿佛听见荒漠中涌流的溪水，由衷的感悟流入笔端，这才有了让后人取之不尽的力作《荒漠甘泉》。

考门夫人对患难的信念不但见证了自己，也见证了露易丝·海的心灵之旅。读了这两个女人的故事，你也会鼓励自己，不管你此刻多艰难，只要你像拥抱金子一样拥抱艰难，接受艰难，与艰难对话，你也一定能像考门夫人和露易丝·海一样，走过坎坷，走向光明。

因为，这就是你成为"人"的使命。

最后，让我们共同聆听维克多·弗兰克尔对人的定义，来加深自己对人之使命的认同吧。这位从纳粹集中营里走出来的维也纳精神病理学家，当年正是靠着人之所以成为人的信念，熬过了那段噩梦般的岁月，作为少有的幸存者活了下来。

"人不是事物，'人'的最终是自我决定的。他要成为什么——在天赋资质与环境的限制下——他就能成为什么。人在他自身内有两种可能，去实现哪一种，是由他自己选择的，而非由情境所决定。"

七、潜意识也需要有组织

这就是意志的作用：意志是你灵魂的最高长官，意志也是你潜意识的统领和指引。

对于普通人来说，意志是个熟悉又陌生的词。一般人认为，意志是艰苦环境下的产物，在今天这个富裕又享乐的年代，似乎不需要意志。然而任何一个成功者都明白，如果没有意志，他不会成功；甚或可以说，正是意志让他看见信仰；也是意志，让他在不管多艰苦的境遇下都不抛弃信仰，且在信仰之上，他对他的人生以及他所追求的事物有了一个始终积极的态度。

实际上，信仰在本质上就是一种意志，信仰就是愿意相信；信仰幸福就是愿意相信幸福，甚至在心里已经看见了幸福；信仰成功同理，信仰成功就是愿意相信成功，或者在心里已经看见了成功。对此信仰无须举例，历史上有太多的伟人见证了这一真理。

意志不是理智，理智不能与意志相提并论，因为意志不是道理，更

遇见觉知的自己

不是逻辑。意志是一种超越理智的力量，它是一种心力，来自于生命本身，它就是一种本能，生命的本能，从生命的底部发出，如狂飙般迅猛，如钢铁般坚实。当一个人听到他心里的呼唤时，他同时也听到了他意志的呐喊。

不说历史上的伟人，就说乔布斯。乔布斯一生致力于苹果的奋斗，包括他离开苹果又回到苹果的经历，其实并非乔布斯本人的选择，而是他的意志对其潜意识的坚持与统领。这一传奇，有乔布斯的心言为见证。

乔布斯说：

"伟大的工作就是你热爱的。"

"我之所以一直坚持我所做的事情，唯一的理由是，我热爱它。"

"这辈子，对我来说最宝贵的就是，每天晚上对自己说，你做了了不起的事情。"

"对我而言，总有下一个梦想在前面。"

"那些疯狂到以为自己能改变世界的人，他们才能改变世界。"

乔布斯确实疯狂到了以为自己能改变世界，他也真的就改变了世界。

为什么？因为他热爱他的梦想，他相信他的梦想，他看见了他的梦想，他不断地去实践他的梦想，所以他终于实现了他的梦想。

是谁让乔布斯实现了梦想？

是乔布斯的潜意识吗？

不完全对。

正确的说法是：对乔布斯而言，当其意志统领下的潜意识在其意识的认同下聚合成强大的信仰与意念时，乔布斯已经不在了，他归于整体了。说乔布斯感动了整体也好，说整体拣选了乔布斯也好，总之，对任何一个成功者，一旦你的梦想与你实践梦想的途径与整体达成一致，就不是你要成功了，而是你一定会成功，因为那是整体的意愿和分派。

明白了意志和潜意识的关系，你寻找潜意识的道路就不会有偏差了：你不必苦苦地去寻找黑洞洞的潜意识，你要做的就是静下心来，在没有任何外界干扰的寂静下，好好听听你心里的声音。

每个人都有心里的声音，那是你降生时整体给你的声音，它如同一个小录音带，录着你原本的声音，代表着你初始的意愿和呐喊。

只可惜，随着人的成长，"长大"以后的人日益远离了自己，也远离了自己的声音。因为自己在混沌里是那样地脆弱，因为自己面对整体是那般茫然，因为人际海洋是那样地一望无际又深不可测，于是我们只有听命于别人的声音，似乎才有平安的保障；只有跟随大众的脚步，才能找到心里的安全。

然而事实总是不尽如人意，甚或与你的意愿完全相反。

为什么会这样？

因为别人总在变，大众也无时无刻不在变，而且人家的变化不会听命于你的脉搏，你要听命于别人和大众，你就得完全放弃自己，这对任何一个有着独立意志的人来说都无异于放弃自我、放弃尊严。

尽管你在随波逐流的道路上走得太远，但是你潜意识的声音仍然没有完全泯灭，因为它是你的生命，它是你的求生本能，因为生命的目的是活下去，而不是了解。

这也是千百万年来，人类之意识与潜意识的搏击与争斗，借用弗洛伊德的比喻，意识是一匹白马，潜意识是一匹黑马；白马拼命往左，黑马拼命往右。

什么是意识？

意识——是人对宇宙的认识和观念。

什么是潜意识？

潜意识——是每一个个体生命对宇宙的直觉和意愿。

由表及里，成功者和平庸者的差别就不言自明了：

什么是成功者？

遇见觉知的自己

　　成功者——就是那些其潜意识和意识达成一致，并甘愿交付其意志统领前行的人。

　　在其意志的带领下，他不断地聆听他的潜意识，聚合他的潜意识，相信他的潜意识，实践他的潜意识。因为他知道，不管他遇到怎样的艰难，他的意志都不会背叛他，因为他就是他意志的主人。有了这样一个目标明确又坚持到底的主人，意志义无反顾，潜意识团结一致，有一天当他到达顶峰时，他终于明白什么叫勇往直前。勇往直前就是，跟随心里看见的成功朝向成功的感觉。

　　什么是平庸者？

　　平庸者——就是永远追随其意识而从不敢问津其潜意识的盲从者。

　　往往，一个人之所以平庸，并不在于他忽略了他的潜意识，而在于他没有意志、没有信念。要知道，意志和信念是聚拢潜意识的领路人，没有了这样一个生命的领路人，即使你能瞥见你的潜意识，那种瞥见中的闪念却没有力量聚合成让你成功的火焰。革命需要力量，成功也需要力量，星星之火可以燎原。什么是星星之火？就是你的潜意识，当你的潜意识在你意志的带领下从星星之火形成燎原之势时，你的生命就会发生质的改变。

　　而平庸者的错误就在于，他们过分地依赖于大众对世界表象的认识和由此生成的观念，他们被那些随时变化的观念拖来拖去，时而往左，时而往右；时而做好人，时而做坏人。他们不是不想成功，又丢不下左顾右盼的患得患失；他们不是不想做好人，又担心这样一来自己会陷入全面的亏损。总之，他们就是前思后顾、芝麻西瓜全想要的空想人，他们想吃鱼又怕鱼刺，到头来，他们的生命只能是一场白白的浪费，连同他们本人也只能成为自叹命苦又悔不当初的蹉跎人。

　　感谢生命力的强盛，让人类的火种生生不息；感谢生命力的霸道，让每一个人——即使你再沉沦、再迷惘——仍有机会停下脚步，听到你被自己忘却太久，却无论被你忘记多久也不会把你抛弃的你潜意识的声音。

因为你有生命，因为你的生命要活下去，于是你的生命就把你的潜意识托付给你的意志，而后意志对你说，听着我的主人，只要有我在，我就不允许你绝望；只要有我在，统领并指引你的潜意识就是我的责任；我会带你走出阴霾，走向阳光，但得有一个条件，你得学会静心，在静心中倾听我，倾听我就是跟随你自己的指引。

现在你明白了，什么是意念？意念就是意志化了的潜意识。什么是信仰？信仰也是意志化了的潜意识。没有意志，你的潜意识就没有了航标；没有意志，你的潜意识就没有了火种。有了意志，你的潜意识就看到了航标；有了意志，你的潜意识就找到了组织，在"船长"和"组织"的统领下，你的潜意识拧成一股绳，聚合成一股力，就像你感觉到的，在你信念的召唤下，思想不再是你的禁锢，而成了你的参谋；意识也不再是你的包装，而成了你的追随。

这就是意志的作用：意志是你灵魂的最高长官，意志也是你潜意识的统领和指引。一旦你确定了意志，积极的态度应运而生。到那时，你就能跟随你的潜意识呼风唤雨了；到那时，不管对世界还是对命运，你都能运筹帷幄，做一个自由的主宰人。

八、以史为鉴：童年的认同，魔鬼的噩梦

但也正是在这种时候，每一颗被激发的灵魂都有必要自问：点燃我的火种是否真是正能量？让我欲罢不能的激情是否真是从整体出发，有益于我的祖国和人民？

1. 意念的来源——开始的瞥见——童年的认同

对今天的灵魂工作者和有识之士，意念一词已经不陌生了，悉数当下的畅销书：《潜意识》、《气场》、《力量》、《当下的力量》等，有关意

遇见 觉知的自己

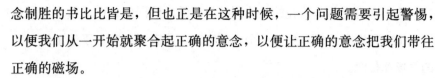

念制胜的书比比皆是，但也正是在这种时候，一个问题需要引起警惕，以便我们从一开始就聚合起正确的意念，以便让正确的意念把我们带往正确的磁场。

实际上，意念只是一个中性词，它并不含有道德褒贬，它不是品质，它只是人的潜意识在其意识认同下自行生发的一种聚能。这个聚能可以是好的，也可以是不好的；可以是积极的，也可以是消极的；可以是建设性的，也可以是破坏性的。正因为意念带有精神原子弹一样的能量和爆发力，我们才需要认识意念的可塑性，了解不同意念所能产生的不同后果，在我们聚拢意念时，得以保持觉知和清醒。

通过前面的讲述，大家已经知道意念是怎么来的。它是意识认同的结果，是经过意识认同的潜意识无限聚拢、无限升腾的结果。开始它只是一个瞥见，但大部分人并不在意自己的瞥见。比如，某人是一个快递员，但他非常喜爱天文。有一天他抬头看天，觉得今天的天空特别地蓝，这时他心里忽然掠过一丝瞥见，好像感觉自己飞上了天。就在这时一个急电打来扰乱了他的思绪，他立马关闭思绪，回归现实，带着对"刚才那人"的嘲笑，忙不迭地骑上车，送餐去了。

大部分人为什么没有成功，这是一个普遍的疏忽：他不关心自己的瞥见；就像那个快递员，如果他坚持聆听自己的声音，一再发现瞥见，确认瞥见，没准他真能成为一个科学家也说不定。可他没有坚持自己，他不相信自己，他觉得那件事太离谱，离自己太遥远，他就是一个快递员，而且递的就是一餐饭，就算他喜爱天文，他最大的梦想就是等有一天他有钱了，买个高倍望远镜，让自己过过看天的瘾，至于搞科学，他想也没敢想。结果，就因为他不敢想，他那难得的瞥见从此就没有了，消失了，不见了。

由此可见，瞥见是需要关注的，没有关注，人就没有办法留住瞥见。然而关注从哪里来？人怎么会对自己还没看见的事物给予关注？他凭的是什么呢？

非子来告诉你，他凭的是认同感，直觉的认同感；而这种直觉的认同在很大程度上的确有赖于一个人的童年，或者说，来自于他童年生活的气场和信念。

由于信念不同，人所认同的事物也有了迥然的差别：认同好事的人，他通常会有热爱的激情；认同坏事的人，他从一开始就朝向了破坏。

举例说明：笔者在中学念书时，同班曾有一个女生，有过和露易丝·海一样的经历，她5岁时就被人强奸了，而强奸她的人，刚好就是她的继父。尽管他的继父很快就离开了她母亲，也离开了她，但从那件事以后，她对自己的可怜就有了一种直觉上的认同感，她觉得自己可怜、命苦，她觉得她就是一个不幸的女孩，她生来就是被人欺负的。所以即使在中学时代，在那样一个本该是花季的年月，她也没有过同龄女孩的骄傲，永远是胆怯的、卑微的，从来也不敢大声说话，好像她一大声说话她就会被人欺负，她声音一放大她就会激怒别人。那正是他继父对待她的方式，他的继父从来不允许她大声说话。

后来得知，她两次结婚又两次离婚，再后来就没有了她的消息。但不管怎么说，有那种"对悲观命运的认同"，她的生活，怕很难超越她所能预想的模式。而在那种如此卑微的模式中，一个连自己的生命活力都感觉不到的人，她的激情在哪里？她哪有激情可释放啊。

相反，每一个有激情的人，都是有生命活力的人。他可以没有大学文凭，他可以没念过什么书，他甚至没有见过什么大世面，但他有一个活生生的生命，他时时感受到他生命的律动，他还能从他生命的律动中听到生命对他的呼唤。

这就是为什么，"草根"也能成功了，草根也能出彩了，草根也能自我实现了，草根也能在没有学历、没有证书的简单中与这"后"那"后"、这"家"那"家"同台共舞，同打擂台了。

可不要小看草根哟，就像动物比现代人更能直觉自然一样；草根因

遇见觉知的自己

030

着没有掉书袋的禁锢，他们往往比某些文化人更接近于生命本质的律动和感觉。

然而呼唤仍有两种，因着认同的不同，世界上的人，大抵可分为两大呼唤群，一是呼唤建设，一是呼唤破坏。呼唤破坏的人，他初始的认同是仇恨；呼唤建设的人，他初始的认同是热爱。

这也是为什么有人说世界上就两种人有智慧了，一是伟人，一是犯人。此话当然有偏激，但也不无道理。如果你接触过犯人，了解过犯人的犯罪动机，你就会发现，他们当中有些人开始的动机与伟人并无差别，他们也认为自己有使命，他们也认为自己是上天派来的人，他们也认为对他人负有责任，可就因为他们早年的认同有所偏差，他们想法的种子落在了暗处，他们动机的种子落在了仇恨，他们行动的脚跟也定在了破坏。

读到这里，也许你就要问了，刚才你讲的那个被强奸的女孩，她并没有破坏谁呀，她已经那么可怜了，她还能破坏谁呢？

非子来告诉你，她破坏的是她自己，一旦她认同了她的可怜，她一定不可能对自己有建设，她有的一定是对自己的破坏。首先，她自我可怜的意识会让她自哀自怜，自怜的结果会让她更加悲观，一个悲观的人通常不大会主动去找朋友而朋友也不大愿意接受她。接下来就因为周围人对她的冷落，她便一再加深了对自己的自怜。再往后，即使她碰上一个爱她的人，她也不大会与那人正常相处，因为她在暗处待得太久，突然遇见一个好人，就好像忽然从夜路上瞥见了光明，她对那人的期待会让那人格外紧张，她也会为自己的敏感一再自惭。久而久之，她的敏感会伤害爱她的人，她也会为自己的纠结一再悔恨；进一步，如果爱她的人不甚仁慈，那人的不敬或出格又会给她更大的伤害。

这样她就陷入一种无形的恶性循环：一个破坏自己的人，他一定会因着自身的破坏而造成对他人的破坏，且破坏的律动循环往复，破坏的力度也愈演愈烈。刚好应了那句话：被伤害了的自尊心再去伤害别人，是世界上最惨的事。

实际上，这样一个无足轻重的女孩，即使她对别人再有"破坏"，对世界来说，她的破坏也无伤大雅；坏就坏在，世界上还真有一些举足轻重的人，他们根植于意念力的破坏足以毁灭世界。

让我们来看希特勒。

2. 认同侵略者——仇恨——破坏——魔鬼的噩梦

儿童心理学一个重要的发现是：在孩子与父母的关系中，孩子从来不听你怎么说，孩子看你怎么做。因为实际上，引导孩子的行为并非父母的语言，而是父母的行动。孩子是通过行动来学习父母的，而不是语言，特别是对未成年的小孩子，在他那无意识的感觉里，语言的权威远抵不过行动。这是因为父母在郑重场合使用语言时，多半都是在训诫孩子，而语言训诫对孩子就像一本天书，晦涩难懂；加上父母在训诫孩子时，往往失去理智，情绪激动，这种情况下的语言训诫对孩子就更不起作用了，非但没有作用，还会增加孩子的逆反心理。

这也是为什么，一个在父亲暴虐下长大的男孩，即使他恨父亲，他仍有可能成为父亲的翻版了。因为尽管他恨父亲，他仍然承袭了父亲待人处世的方式，这一方式潜移默化地深入他的骨髓，在他恨父亲时，他已经接受了父亲的行为方式。

除非他意识到，父亲的行为是错误的，他不想自己也成为父亲那样的人，他不想长大以后走父亲的路。这就需要儿子的思想来一个主动的"认同断裂"：丢掉那种破坏性思维，跟那种思想和行为划清界限，告诉自己，那是错误的行为，它代表的是仇恨，不是热爱，所以就算他是我的父亲，我也不想走他的老路，我要跟他的想法和做法彻底决裂。

如果希特勒是一个早慧的孩子，如果他从一开始就认识到父亲对他的负面影响并与之决裂的话，恐怕就不会有希特勒后来的"奋斗"和他后来对犹太人以及对世界的疯狂肆虐了。

遇见
觉知的自己

从公布的有关希特勒心态的秘密报告看，希特勒的父亲是一个有着双重人格的人，他时而公正、高尚，时而野蛮、暴虐，不考虑别人。那一时期，希特勒和他的母亲都得在父亲酒后的肆意中来忍受这个男人的暴虐。

生活在这样一种双重面具下，孩子会感到恐惧，时时不安，因为他不知道下一分钟会发生什么，未来的父亲是什么样子。天长日久，这样的一个家就成了希特勒的世界，而他对外部世界的反应，也依据了父亲给他的态度和模式。在这一模式中，希特勒有很强的自卑感。

当一个孩子自卑的时候，他的不安全感是他的核心。正因为他不安全，他才会有意识地去寻找一个"安全"的世界。而希特勒的安全岛，恰好就成了他的母亲。母亲很爱希特勒，希特勒也很爱母亲，且母亲在生他之前就失去了几个孩子，也加深了母亲对希特勒的爱。

然而因为希特勒最初的认同是"破坏"，所以当他得知他之前的几个孩子都已经死去时，他心里就生起了一种无名的臆想，认为是上帝拣选了他，他的不死和受母亲的恩宠，完全是因为那个最高主宰对他的恩典。

不久，希特勒6岁的小弟弟也不幸夭折，这再一次加深了希特勒认定自己是被拣选的信念。而一个被拣选的人，是要背负使命的，于是这个病态的年轻人就义无反顾地开始了他破坏性的"使命"和"责任"。

希特勒是"认同侵略者"的一个活典范，正因为他认同的是侵略，他所建立的纳粹党和第三帝国从一开始就致力于破坏，成为破坏行为的倡导者和发起人。

从残杀犹太人的水晶之夜到奥斯维辛集中营，从横扫欧洲的战略到他对国内反对者的迫害，在希特勒掌权的十几年内，希特勒的嗜死行为从未停息和减缓。直到他发布命令，杀掉所有的绝症病人，他在国内激起的民愤，足以使他的统治摇摇欲坠。但希特勒仍然坚信，确有"某种超自然的力量在指引他，而且会在各种情况下告诉他，他该做什么，不该做什么"。

就像他说过的："我们一定不要相信理智和良心，而一定要相信我们的本能。"还有："如果一个民族想要自由，就需要意志力、违抗、憎恨、憎恨、再憎恨。"

就这样，希特勒的"憎恨认同"让魔鬼成了他的梦魇，以至于他的残暴，终于让他走进了滚雪球式的恶性循环：每一次残忍后面必然跟着一次更大的残忍；每一次暴力后面必然跟着一次更疯狂的暴力；每一次凶残之后必然跟随着一次更肆虐的凶残……除非每一次都成功，否则这个人就会感到不安全。

希特勒认为，他一直以来都在倾听自己"内在的声音"，但因为他失去了内在的良知，他内在的声音与他外在的声音永远不可能一致。如果一个人从一开始就拒绝了理智，那就等于说，他从一开始就拒绝了良知，因为良知只有在理智的护卫下才可守住道德底线。

希特勒就是一个没有良知的人，就像他说的："我们必须要支持……民族野蛮和民族决心的独裁统治。"正是这样一种独裁让希特勒成了他自我独裁的牺牲品和掘墓人。尽管希特勒格外重视建筑，他希望他统筹下的建筑都能千年不倒，以象征他千年不败的统治，他也未能如愿，因为他违背了人道，更违背了天道。因此天道唤他走，是因为天道已不能忍。

由此可见，意念是有分别的，不是什么样的意念都能把人引向成功和正轨。如果你从一开始就在认同上出现了偏差，你的潜意识就不可能和意识认同，你的意念也不可能经受住良知的拷问。

因此可以说，良知是意念的母亲，意志是意念的父亲，一个健康、公正的意念，它一定要根植于良知的沃土。因为只有良知才能找到公正的意志，一如一位善良的母亲把自己交付给一个正直的父亲。

提到给意念力找双亲，大家或许有体会，让意念找到意志也许不难，特别是对成长中的青少年，所有给力的思想、意识、看法和观念都

遇见
觉知的
自己

会让年轻人迸发出一股向上的激情，激发出他们魂魄和热血。但也正是在这种时候，每一颗被激发的灵魂都有必要自问：点燃我的火种是否真是正能量？让我欲罢不能的激情是否真是从整体出发，有益于我的祖国和人民？

实际上，当年希特勒之所以能建立第三帝国，与他对德国青年的煽动是不无关联的。这位法西斯头目正是利用了德国青年基于民族自豪感之上的激情与热血，也因此当以史陶芬伯格为首的觉醒了的德国军官义无反顾地朝向希特勒的枪口时，他们的反抗才显得那样地悲愤和壮烈。

正如一位现代史学者的庄严的礼赞："德国人对于希特勒的抵抗运动虽基本上未能成功，也没有协调一致，但他们的抵抗运动仍实实在在地摆在那里。抵抗运动涌现出的那些男男女女，终于变成了一座丰碑，一本为了人道主义价值观而献身的'国家阵亡将士花名册'。无论希特勒和纳粹主义是如何残酷和野蛮，始终无法遮掩这种价值观的光芒，也无法碾碎这种价值观。"

什么是人道主义价值观？就是人性的良知和公正，也是意念最崇高、最伟大的母亲。当我们沉湎于挖掘自己的潜意识，从而培养意念时，最好能以史为鉴，问自己：我的意念是不是有母亲？我怎样才能不偏离母亲的怀抱，以母亲给我的正能量造福社会、造福我的祖国和人民？

我们要选择良知做意念的母亲，从小培养公正的良知、公正的认同。只有公正的母亲才能选择一位公正的父亲，即公正的意志。那意志指向的是热爱和建设，而非仇恨和毁灭。

九、空的力量：潜能的发源，无我的纯粹

空不是没有，空是有；空不是负面，是正面；空不是悲观，是乐观；空不是消极，是积极。

奥修说，对每一个写者都一样，你最感人的文字不是你写的，是整体握住你的手写的。

对奥修的说法非子认同，也有体会。

何止写者，每一个人，只要你做出事够惊世骇俗，那都不是你做的，那里都有整体的指引。

贝多芬的《合唱交响曲》不是贝多芬作的，是整体通过贝多芬的手向世人传递欢乐；梵高的《向日葵》也不是梵高画的，是梵高借整体的手向世人诉说；爱因斯坦的相对论并非爱因斯坦的杰作，那是整体给爱因斯坦的点醒；乔布斯的传奇也不是乔布斯本人的意愿，只因乔布斯遇见了整体，整体成全了乔布斯的梦想。

这就是感觉的力量，感觉的力量是如此神奇，也很简单，简单到不需要你问为什么，也用不着你想太多的怎么办。反过来，太多的为什么和怎么办往往会毁掉感觉，让原本完整的你发生分裂。

一则寓言故事讲述了感觉的两种状态。

蜈蚣又叫百脚虫，从来到这个世界上的第一天起就用一百只脚走路，虽然这件事对别的动物有点不可思议，但对蜈蚣来说是再自然不过的事。

一天，狐狸问了蜈蚣一个问题，狐狸说："蜈先生，你是怎么用一百只脚走路的呢？你能不能跟我说说你用一百只脚走路的原理和原理背后的因果关系？"

蜈蚣一下子被问住了，它有点晕，不知怎么回答狐狸。因为自打它会走路的那天起它就是这样走路的，用一百只脚，从没有想过怎么走和为什么。对它来说用一百只脚走路从来就不是问题，可面对狐狸的提问，它突然成了问题了。

蜈蚣陷入了沉思，边想边走，却发现自己不会走路了，它摔倒了。

蜈蚣为什么会摔倒？它分裂了！当它对自己的本性一再发问时，它必须从本性里分出来，变成主体，让本性成为客体。于是它就成了

遇见觉知的自己

"二"，以前它一直是"一"，现在它成了"二"，变成"二"的蜈蚣找不到原来的感觉了，所以它就不会走路了。

就像一个人，如果你问这个人：你为什么会吃饭以及你吃饭的原理是什么？想必这个人也就不会吃饭了，除非他不受问题的影响，否则，即使他还会吃饭，他也找不到吃饭的感觉了。

有一个故事：

某大款到海滨去度假。一天游完泳，看见一个渔民在海边睡觉，睡得特别沉，周围人来人往的，渔民根本就没听见，还香香地打起呼噜来。大款看着渔民好不美慕，想起自己的失眠症，恨不得用金钱换取渔民的睡眠。渔民醒来后大款对渔民说："这样吧，我给你一单生意，不用你打鱼，你就跟我回城，到我的别墅去睡上一个礼拜，然后把你睡觉的秘诀告诉我就行了，一礼拜后我给你5000块钱。"

渔民觉得这件事然是容易，不就是睡觉嘛，白白地睡上一个礼拜就能得到5000块钱。于是他欣然答应，一路上高兴得合不拢嘴，认定是天上的馅儿饼砸到了自己。

可谁承想，第一天晚上渔民就睡不着了。以前他想咋睡就咋睡，想啥时候睡就啥时候睡，睡觉对他来说从来就不是问题，他从来就没有想过该如何睡觉这件事。但这天夜里渔民闹心了，他睡不着了，翻来覆去地睡不着，脑子里老想着那5000块钱，还想着怎么跟大款说他睡觉的事。这么想来想去，转眼就到了天明。接下来的两天更糟了，因为前两夜没合眼，这回就不光是睡不着了，脑袋还剧烈地疼了起来。

第三天一早起，渔民就跟大款摊牌了。渔民说："这单生意我不要了，钱你自个儿留着吧。实话跟你说，我们睡觉从来就没有秘诀，要说秘诀就一个，就是从来就没想过睡觉这件事。"说完渔民就走了，头也没回。

大款望着渔民的背影，仰望苍天，双手合十，祈祷老天爷，让他也能回到渔民的简单，从来就不想睡觉的事。

对这种简单，每一位得道之人都心领神会，也因此，他们能把对大道的领悟发挥到大道至简的纯美。

一个小和尚问老和尚，什么是道？

老和尚说，道就是——该睡觉的时候睡觉，该吃饭的时候吃饭。

什么叫该睡觉的时候睡觉？该吃饭的时候吃饭？这两句话是什么意思？它的要点在哪里？

它的要点就在于，困了就睡觉，饿了就吃饭；睡觉的时候不是你睡觉，是你疲惫的神经在睡觉；吃饭的时候也不是你吃饭，是你饥饿的胃在吃饭。

进一步说就是，睡觉和吃饭都是你身体机能的自然运行，这个运行的掌管者不是你，是你的身体机制。每个人都有一个身体机制，这是整体的安排，整体在造人时给每人体内都安放了一个身体机制，这个机制自有它的运行规律，而困了睡觉，饿了吃饭，就是身体机制最基本的功能和责任。

这一再说明，身体机制不需要人的指点，它不需要你告诉它说，什么时候睡觉，什么时候吃饭，这两件事不归人管。即使你因为临时有事忘了睡觉和吃饭，忙过以后身体机制也会提醒你说，你应该睡觉，你应该吃饭。

然而如果你的睡觉和吃饭到了非要你来指挥的地步，那你可能就出问题了。要么你压力太大，你的身体机制由于你的忽略而关闭；或者你欲望太多，由欲望带来的心理负累长期干扰身体，以至于你的身体机制停止了正常运行。

就像上面那位大款，他为什么失眠呀？他要考虑的事情太多了：公司盈利、企业运转、资金使用、下属升迁；老人牢骚、孩子埋怨、婚姻纠结、女人麻烦……看看，一个人每天要想这么多事，他还能做到该睡觉的时候睡觉，该吃饭的时候吃饭吗？能吗？把这位大款当成镜子，设身处地地想一想，怕是不用多想，只要想一下你就会感叹：对呀，问题已不是没时间睡觉、没时间吃饭；问题是，这样一个人，怕是已经到了该睡觉的时候睡不着觉，该吃饭的时候吃不下饭。

为什么呀？因为他分裂了，他不是一个人了，他至少变成了两个人甚至三个或四个人。"这个人"应付这件事，"那个人"应付那件事，"第三个人"应付另外一件事，而且因为他的关系多，他的表演技能也随不同面孔的需要越发逼真。只是，应酬过后，他有种心肺掏空的孤独，感到从未有过的失落和疲惫。

给各位讲个故事，来自日本作家安部公房的小说《旁人的脸》：

一位科学家的脸由于烧伤而变形，丑陋使他与周围的人日渐疏远。他很痛苦，于是做了一副面具戴在脸上，白天戴面具，晚上摘面具，以为面具能使他跟别人一样，以为面具能掩饰他的丑陋，获得别人的赞美。

然而面具带来的解放把他推入了另一种困境：面具僵化了，面具从抵御外界的手段变成一座冲不破的牢笼，面具把自己的想法和做法强加给它的主人。主人的人格分裂了，他发现自己不是自己了，连同他和妻子的感情也变得无法沟通。

妻子痛苦地说："无声无息地躺在柜橱里的那个东西，已不是面具，它就是你自己……当初你是想用面具来取悦别人，掩饰你自己，后来你把它当作逃避自己的隐形帽了。所以它已不是面具，它是你自己的另一副真面孔。你需要的不是我，你需要的是一面镜子。随便什么人对你来说都是一面照你的镜子。我不要回到这个遍地都是镜子的沙漠里来！"

科学家醒悟："……我曾打算做一副面具，我曾试图做旁人的脸，但是我没做成，这副假面具竟然成了我的真面孔；而我过去以为真实的东西，反倒成了我的面具……"可木已成舟，科学家只好自我安慰：失容也不是我个人的悲剧，那恐怕是"现代人的共同命运"了吧。

对这种现象，有人叫它"异化"，有人叫它"分裂"。不管你叫什么，它都说明，人到了这种地步，他就失去了自身的统一与和谐。这也是为什么有人有万贯家财也不快乐了，因为快乐靠的不是金钱，快乐一定有赖于自己的统一与和谐：意识和潜意识的统一，内心与外表的和谐，正是这种人的统一与和谐让人有了人的律动，也有了人的活力和感觉。

再回到蜈蚣，大家对蜈蚣的摔倒就好理解了。实际上，蜈蚣的问题也是今人的问题。今天的人实在是太累了，用脑过度了，该要不该要的东西要得太多了，该想不该想的问题想得太复杂了，以至于人的本真没有了，人的淳朴也不见了。而人的本真和淳朴，正是感觉最丰厚的土壤，正是在这一土壤之上，继往开来的能人和伟人找到了他们与整体契合的力量。

然而本真和淳朴怎么会有那么大的力量？它的力量从哪里来？

如果有人告诉你说，什么是本真？本真就是空；什么是淳朴，淳朴也是空。可能你不好理解，但听了下面的故事，或许有助于你对空的体会。

一个叫史蒂文的美国人，因一次意外坐上了轮椅，一坐就是 20 年。他觉得自己的人生没有意义了，喝酒成了他打发烦闷和消磨时间的最好方式。

一天，他照常从酒馆出来，坐轮椅回家，不幸碰上 3 个劫匪要抢他的钱包。他拼命地反抗和叫喊，被逼急了的劫匪竟然放火烧他的轮椅。他的轮椅很快就烧了起来，如果他不设法逃命，他就死定了。

就在这时，求生本能仿佛电击了史蒂文，他忘记了自己的双腿不能行走，突然从轮椅上站起来，一口气跑过一条街，才幸免遇难。而劫匪也被眼前的景象惊呆了，站在原地，忘了追赶。

事后史蒂文说："如果我当时不跑，后果可想而知。但我忘了一切，拼命逃跑，一跃而起。当我停下脚步以后，才发现自己竟然会走路了。"

遇见
觉知的
自己

现在，重生的史蒂文找到了工作，他的身体很健康，行走和正常人一样。他利用假期到处旅游，向同样不幸的人传授经验，鼓励他们像自己一样战胜人生困境。

读了史蒂文的故事，相信你会有所触动。如果你对空还是不理解，非子提醒你，在你的一生中，你一定有过坠入情网的经验，坠入情网，完全没有自己，深深地爱上了一个人，一心一意想跟他（她）在一起，哪怕是死你也愿意。

为什么你会坠入情网，为什么你会对一个人迷恋到忘我，可以去死？

因为你"空"了，至少在那一刻或者在那一个阶段，你处在了空的状态。这里所说的空不是你心里没东西，内心空虚；是说你真正做到了无私无畏，无欲则刚，没有了自己。

尼克松有句名言："只有丢掉自己，才能找到自己。"

什么是丢掉自己？丢掉自己就是让自己空；丢掉自己，就是把自己提升到彻底的无私无欲。

想想，一个人要到了彻底的无私无欲，他还会有所谓吗？他还会有惧怕吗？没有了。因为他空了，他空到了和宇宙一样的博大深远。再想想看，一个人要有了和宇宙一样的博大深远，他还有不能吗？没有了。到那时，对他来说就没有不能了，只有不想，没有不能。

这就是空的力量，这就是空的状态。这个状态，是每一位伟人和成功者都有过的经验。

也是史蒂文的经验。

在战胜自我方面，史蒂文也是一个成功者。因为就在那一刻，在劫匪烧他轮椅的那一刻，他空了！史蒂文为什么能站起来，是空给他力量，是空所激发的潜能让史蒂文站了起来。除了空，再没有任何力量能让一个双腿残疾的人在千钧一发之际站起来，由此你瞥见人的潜能，那力量真是无与伦比。

由此可见，空不是没有，空是有；空不是负面，是正面；空不是悲观，是乐观；空不是消极，是积极。甚至可以说，宇宙间最伟大的力量就是空，当你空了以后，你就无限了，还有什么比无限更伟大的力量吗？

没有了。

因此可以说，空的力量，就是无限。

如果说，史蒂文是靠外界的刺激找到了空的力量，那么，弗兰克尔的潜能就不是靠外力了，他靠的是内力，是内在的觉知和毅力。这方面，在提升心智又跟随感觉的路上，弗兰克尔无愧于世人的典范。

维克多·弗兰克尔是维也纳一位精神病理学家，"二战"期间被关进了纳粹集中营，在那里度过了一段非常艰苦的岁月。起初，弗兰克尔也有过低迷与困惑，甚至想以逃跑来结束这里的一切。但当他明白，那种毫无胜算的逃跑只能把他带往毁灭时，他决定留下来陪伴生病的亲人。正是这种丢掉自己的无畏让他找到了潜能的价值。

弗兰克尔认为，在任何境遇中，人都有选择的自由。选择自己的态度和生活方式，是一个人无可剥夺的权利。营中俘虏成为什么样的人，实则是内心选择的结果。一个可以期待的未来目标，在绝望之际可以变成人的一线生机。对此弗兰克尔深有体会。

放弃逃亡的想法后，弗兰克尔把思维转向另一主题，他仿佛看见自己站在讲台上，对全场的来宾在进行讲演。演说的题目就是关于集中营的心理学。这样一来，自己所受的苦难就变成了一个有趣的心理学题目，在这样一个研究课题下，所有的灾难和折磨都减轻了。与此同时，他还每每在夜间与妻子对话，尽管他根本不知道妻子的死活，但坚信妻子还活着也成就了他的坚持。

这就是为什么面对集中营频繁的羞辱与拷打，弗兰克尔能始终积极向上，不悲观，不绝望了。他给自己的暗示是：总有一天我会获释，总有一天我会站在讲台上，把这段经历讲给学生们听。

遇见**觉知的自己**

弗兰克尔终于"梦想成真"，他活着走出了集中营，他站到了讲台上，他以自己的亲历见证了纳粹的残暴，也见证了一个人在死亡边缘得以战胜死亡的信念。

在那样一个死亡集中营，弗兰克尔为什么还能坚持自己的选择，选择积极的态度和生活方式？因为他接受了困境，接受了死亡，接受了一切可能的变化和磨难；他空了，空掉了苟且偷生的欲望，他没有了自己的私欲，他完全跟随生命之流。生命之流不可抗拒，但生命的意义由人来掌管！人总有一死，但即使是死，死之前人也能选择有意义的生活，让意义帮自己统一，让自己在意义中超越。

实际上，在当年的纳粹集中营，能以空的境界唤醒潜能的远不止弗兰克尔一人。"二战"结束后，有人类学家对奥斯维辛集中营的幸存者做过调查，发现这些幸存者有两个共同点：一是他们有信念，二是他们能把欲望降到最低点。表面看是一种失尊和卑微，然支撑他们的，正是根植于大我的希望与尊严。

这种力量，若不是丢掉得失，空掉欲望，借整体之手托起信仰，凡尘中的俗子，他怎能在地狱中勇气长存，过关斩将，直至拥抱阳光，抵达彼岸！

有人说，每一个真正的共产党员都是一个纯粹的人。这夸奖不过分，何止那些斗士，应该说，每一位丢掉得失、空掉欲望的人都是纯粹的人。因为他们走在了无私无欲的超越里，即使他们生活在尘世，仍能在尘不染尘，他们守住了干净的淳朴与本真，在淳朴和本真里他们做了一个零污染的人。

当李大钊站在北洋政府的绞刑架前被问到，谁第一个来？李大钊挺身而出，回答"我来"时，他做了一个零污染的人。

当恽代英说，"我要毕自己一生，伺候国家、伺候人民"时，他做了一个零污染的人。

当瞿秋白被带到行刑地，端庄就座，说一句"此地甚好"时，他做了一个零污染的人。

当方志敏在狱中写下《可爱的中国》，文中呼吁"四万万孩儿"爱我们"美丽的母亲"、"可爱的母亲"时，他做了一个零污染的人。

当陶行知为育才的教育呕心沥血，同事们怕他身体不支，劝他放弃育才不要再抱着石头游泳，他则回一句"我是在抱着爱人游泳"时，他做了一个零污染的人。

当钱学森在美国历经5年拘留仍不改回国的初衷时，他做了一个零污染的人。

当彭桓武说，科学家有祖国，回国不需要理由时，他做了一个零污染的人。

当邓稼先为一次空头核实弹出现的故障，坚持到现场检查核弹碎片时，他做了一个零污染的人。

当郭永怀遭遇飞机失事，被发现的那一刻仍旧双手紧抱两弹资料时，他做了一个零污染的人。

当王进喜看见北京的汽车因缺油而背着大包、蹲在地上落泪时，他做了一个零污染的人。

当焦裕禄说，"我死后把我运回兰考，埋在沙丘上"时，他做了一个零污染的人。

......

这就是空，这就是空的力量：在他们为之奋斗的目标里没有小我、没有得失、没有算计，有的只是一个大我对信仰的依托和一个大我与整体的休戚。而当一个人在本质上坐落在空里时，世俗和污染对他就没有用了，他走到自己的中心，那个中心与整体在一起，还有谁能摧毁整体呢？所以也没有人能摧毁他，因为他已经进入"一"的境界，他的内心与人格获得了统一，他的意识与潜意识成为一家人，从此不纠结、不分裂。

就是"无我"的纯粹。

遇见
觉知的自己

十、空的神奇：灵感的发源，无为的奇迹

空掉欲望，丢掉得失，你会发现，人生所有的美好就在那里，它们从一开始就在那里。

空不但是一种力量，空还是一份神奇。空的神奇无可置疑地发生在艺术家和科学家身上，没错，世界上有很多艺术家和科学家，他们最受用的灵感，往往发生在他们完全放松、"空"的状态下。

通常，创作者在其创作过程中，总会遇到久思不解的困境，然而思想一旦放松，大脑就会在"空"的状态下出现突如其来的想法，一下子使问题澄清，出现令人狂喜的顿悟。

但丁就有过这样的描述："只是一阵闪光掠过我的心头，我心中的意志就在里面实现了。"

屠格涅夫也有过类似的体验：有一回，他为写好一篇报道里的晨景，陷入深深的苦思与词穷中。然而一天早晨，他坐在房间里读书，忽然好像有什么东西推动了他，那声音低声说："早晨的朴素的壮丽！"屠格涅夫几乎跳了起来，心里喊道："就是它！就是它！这可真是美句呀！"

瓦特发明分离凝结器的过程也很奇妙。瓦特从 20 岁起就在英国格拉斯哥大学里干活，负责修理教学仪器。一天，大学里的一台蒸汽机引起了瓦特的注意，它的气筒裸露在外，四周的冷空气使它的温度逐渐下降，蒸汽放进去，没等气筒热透，相当一部分就变成水了，白白地浪费掉约 3/4 的蒸汽。亲见这一现状，瓦特下决心，一定要解决这个问题，以便蒸汽机能保持气筒温度，提高热效率。为解决好这个问题，瓦特苦思冥想，一边去图书馆查资料，一面与别人研究讨论，可就是找不到好办法。一个夏日的早晨，天气十分晴朗，起床后的瓦特来到鸟语花香的

校园，在绿茵茵的草地上散起步来。突然，好像电光一闪，头脑里冒出一个想法：如果在气筒外边加上一个分离凝结器，使气筒与凝结器分开，不就可以解决热量浪费的问题了吗？瓦特立刻茅塞顿开，跑回工作室，夜以继日地实验，终于，一种高效率的蒸汽机问世了。

还有阿基米德，阿基米德是古希腊王国的数学家。有一回国王要他解决一个问题，而且是马上要解决。阿基米德用尽了所有的努力，到最后都快要疯了，也没有想出解决办法。他觉得自己不行了，他放弃了解决问题的想法，索性跳到浴缸里去洗澡。可就在他洗澡的那一刻，问题解决了！阿基米德高兴得快要发疯了，他光着身子跳出浴缸，跑到大街上狂喊："我找到了！我找到了！"镇上的人都以为阿基米德疯了，只有阿基米德知道自己没有疯，他的答案找到了。

这就是空的神奇，也是无为的奇迹。空何以有如此的神奇，无为何以能产生这样的奇迹？

让我们从历史讲起。

《苦难的辉煌》里有这样一句话："量变堆积历史，质变分割历史。"意思是说，历史上发生的每一个事件都在书写着历史，组成着历史；而每一个历史关头的变革，又都是质变突发的结果。

何止历史，静观世界，我们周围的每一件事物，包括我们自己，都经历着从量变到质变的过程：年华是量变，分割年华的感悟是质变；植物的生长是量变，每一次开花和结果都是质变；艺术家和科学家的构思是量变，点醒构思的灵感是质变；灵魂修为者的修为是量变，顿悟和得道是质变。

明晓了这个事实，我们就能进一步体会，质变并非量变的结果，而是，每一次质变都包含在量变之中；或者说，每一个量变都包含了质变的因素。

具体到人的潜能，可以说，它是一种无限的创造力，但这个创造力，整体不是白给的，如果在此之前你没有尽你所能，竭尽全力，整体不可能把你引向空的境界，你也不可能在无为中瞥见灵感。这就是"天道酬勤"，或"人自立，天助之"的奥秘了吧。这种人对天的感应，与天给人的恩赐，在整个自然界中，非人类莫属。

什么是无为？"无为"这两个字一直以来并没有得到大多数人的喜爱，之所以有如此的尴尬，是因为多数人对无为的真意并不理解，或有误解。他们认为，无为就是无所事事，是悲观，是消极。这实在是误读了无为的深意。

什么是无为？先给大家讲一个故事：

电视剧《中国远征军》里有这样一场戏：一天，中国士兵在蓝姆伽基地训练打靶，正好赶上史迪威将军来视察。史迪威走到一个小战士身边，看小战士有点紧张，就拿过他的枪，迅速卧倒，射中靶纸，然后站起来对小战士说："孩子，知道差别在哪儿吗？我盯的是那边，是靶子，是敌人；你盯的是枪，是技术。"

史迪威这句话，清楚地解释了什么叫无为和无为的要点。

在这个"案例"里，什么叫无为？

无为就是靶子和敌人。

什么是有为？

有为就是枪和技术。

试想一下，有哪个英雄在战场上不是狠狠地盯住敌人，而是慢条斯理地研究技术和枪法吗？有吗？恐怕没有，只要他是英雄，他的目标一定不是枪，不是技术，而是敌人，是消灭敌人的仇恨和斗志。

明白了这个道理，在这个案例里，你就能明白什么是无为了。

无为，就是空掉技术和枪，完全地盯住敌人。因为空掉技术和枪，就是空掉了欲望。一旦一个战士没有了患得患失的欲望，他就能纯粹地把自己交给仇恨了，而在战场上，仇恨应该是一种基本动力，没有仇恨，就不会有对敌人致命的杀伤力。

反过来，有为，就是盯住枪和技术。而当一个战士只顾盯住枪和技术的时候，他就等于把自己的精力浪费在了一个空的目标上，靶子是空的，一个空靶子不会激起你的仇恨；只有当你把靶子当成敌人的时候，你才会激发出杀敌的勇气。

其实，是盯住枪，还是盯住敌人，这也是两个不同的想法。一旦你改变了想法，空掉了欲望，你的意念一定能给你展现出一个活生生的战场，那时就不是你要杀敌了，而是你心里的仇恨要杀敌，有了那种纯粹的斗志，你怎能不得手、不胜利呢？

所以，无为就是空，空也就是无为。空和无为在精神层面有同样的意义和价值，那就是，空掉欲望，空掉刻意的行动，你不是在秀枪法，你不是在秀英雄，你是真的英勇杀敌，保卫祖国。

由此可见，不管一个人做什么，做艺术也好，科学也好，体育也好，搞创作也好，你的潜能只能变成两种动力，要么是仇恨，要么就是热爱。战场上的战士，他需要调动的是仇恨；和平时期的劳动者，他需要调动的是热爱。但不管是仇恨还是热爱，其动力的最佳发挥一定要进入无为，一定要进入空，一定不能有杂念，一定要纯粹。这应该是整体给人的最高智慧，也是整体对人的考验和修为。

也许，每一位成功者和想成功的人，都需要经历积蓄能量和量变到质变的过程。开始的努力是积蓄能量：不断寻找，苦思冥想，竭尽全力，直至你累得肝肠寸断，跌进绝望的谷底，只要你还有一丝希望，这点希望之光就会感动整体，整体就会在你几近绝望之际给你灵感，给你点醒，让你在质变中重生，在质变中完美。

这就是吸引力法则，吸引力的法则就是这么神奇。放弃和不放弃其实用不着语言，它就在你的一念之间：放弃的人，他不会竭尽全力；竭尽全力的人，他到死也不会放弃。关于这一点，整体看得明明白白，无须你多言，无须你祈祷，对整体来说，你最好的祈祷并非你的祈祷词，而是你全然的真诚和努力。你真诚，整体还你真诚；你努力，整体给你指引。信不信由你，在吸引力法则的神奇中，正是真诚与真诚的交付，让世界不偏离阳光，让天道保持了正轨。

回头再看上面那几位艺术家和科学家，你对他们的"疯狂"就容易理解了。他们在自己的创作道路上都做到了真诚和努力，所以，当他们经历的量变达到饱和时，整体便赐予他们质变的灵犀，也就是人之灵慧与天之仁慈的最高统一，其神奇令人震撼，其美好毋庸置疑。

因为一个人，只有当你空的时候，你才能和整体在一起；你和整体在一起，你才能挖掘出你全部的潜力；或者说，只有当你和整体在一起，整体才肯给你开启潜能的钥匙。是的，作为人，我们开启潜能的钥匙握在整体的手里，你不和整体在一起，整体就不给你钥匙；你和整体在一起，整体就给你钥匙。

这就是空的神奇，也是无为的奇迹。

每个人都有神奇的种子，也会有无为的奇迹，只要你空掉欲望，在"空"中牵手整体。

第二章　人生觉知：正确的思想

如果一个人能始终有觉知，他就不大会有不快乐了。因为在他眼里，有阳光，世界也好；没有阳光，世界也好；有人理解，感觉也好；没人理解，感觉也好。

前面讲了，思想是人的种子，你播下什么样的种子，你就收获什么样的人生。既然思想是种子，如果你想改变命运，思想变革势必先行。

然而培养什么样的思想才算正确？又或，正确的思想是什么样的呢？

答：正确的思想，就是——觉知。

觉知这个词，一般人有点不理解。觉知？觉知什么呀？

不知你是否观察过自然界的动物，当危险来临时，或在危险到来前，几乎每一双眼睛都会警觉地睁开，每一只耳朵都会警惕地竖起来。在环境上，动物没有人的优越，它们既没有房子，也谈不上安全设施，它们所谓的房屋和安全也都是本能的伪饰。动物是正经的自然一族，天当被，地当房，这种"赤裸"的生存环境造就了动物的警觉意识。

但动物的觉知仍然是低层次的，完全是为了生存。因为整体在造动物时，没有给动物安放思想引擎，所以动物也没有生存以外的使命。动物的使命很简单，就是繁衍生息，传宗接代。为了这个简单而直白的使命，自然界的危险就成了动物的第一天敌，让自己最大限度地警惕和觉知，这就是动物得以生存的觉悟和本领。

事实也是如此，在动物的生存中，几乎每一次死伤和被俘，都是警觉松懈的结果：不管对美食还是对安逸，只要有一丝的松懈，危险就会乘虚而入。

古人因着生存环境的险恶比今人要觉知，但随着人的进化和文明的进程，人对观念的依赖和舒适的贪恋越发习惯，他对生活的觉知也越发麻木。

然而，人世间的危险并未因人的神通而有所减少；相反，正因为人有创造力也有破坏力，加上日益激烈的竞争，人的危险加上自然的危险，就成了人必须面对的双重险境。

这也是成功人士最深刻的体会了，成功是怎么得来的？成功不仅要大刀阔斧，成功更需要如履薄冰。刚好应了曾国藩那句话："颤颤惊惊，即生时不忘地狱；坦坦荡荡，虽逆境亦敞天怀。"无怪奥修把这种居安思危的态度称为人的智慧了。奥修说：什么是觉知？觉知就是小心翼翼地，好像在横渡冬天的河流。

然而，觉知并不意味着凡事谨小慎微，思前后顾。觉知的中心意思是，在你实现自我的同时，你要尽可能地杜绝伤害他人的不良观念，以便最大限度地实现你与他人、与社会的和谐相处。

如果每个人都能这样想、这样生活，试想，我们的社会该会有怎样的美丽呢？至少，因着每一位的觉知，会减少多少浪费和牺牲，会造就多少公德和福祉！

下面看看，在人生的道路上，我们需要有哪些觉知？

一、你的降世是偶然的

不要以为你来到这个世界上是应该的，世界上从来就没有应该的事，包括你的出生和降世。

不要以为你来到这个世界上是应该的，世界上从来就没有应该的事，包括你的出生和降世。

众所周知，受精卵的成活，是一个精子和一个卵子相遇结合的结果。乍听上去这样的结合颇为简单，但仔细想，在通常的相遇中，女人只有一个卵子，男人却有两亿个精子！要在两亿个精子中选中一个精子，或者说，要让两亿精子中的一个去拥抱那个卵子，那该会有怎样的戏剧性！

首先，这个卵子和这个精子的相遇，要有合适的时间；其次，这个卵子要有足够的健康去吸引精子，精子才愿意与它结合；再其次，被卵子选中的精子，也要以最健康的姿态和最快的速度去拥抱卵子，才能梦想成真。

明白了这个真相，你就得好好琢磨琢磨了：对呀，差一点这世界上就没有我了！那天要是时间不对头，"他俩"就碰不上了；要是那天我的"卵妈"硬是不配合，耍小姐脾气，后来出来的那个人就不是我了；那一刻要是我的"精爸"发烧感冒了，或者他一不留神掉队了，游到最前面的那一个就不会是他，后来生出来的那个人也就不会是我，是别人了。天哪！我的降生竟如此地偶然，我能够来到这个世界上真是太幸运了！

是的，你是很幸运，你来到这个世界是偶然的，没有必然性。虽说每个人都背负使命，你的使命也并不一定非要你来完成，如果没有你，整体也会派遣别人。但因为你没有赶上阴差阳错，你正好赶上了好时辰，所以应该说，你的降世是整体惠顾的结果。

不光你，我们也一样，我们每个人的降世都有整体的惠顾。

由此我们不妨把这仅有一次的降世当成一个礼物，这是整体给我们的礼物。对这个礼物我们只有加倍珍惜，它才能变成我们的祝福；反过来，如果我们不珍惜这个礼物，轻视这个礼物，它就会成为我们的灾难或诅咒。而对生命的检验其实很简单，它是你的祝福，你一定是阳光的，充满了快乐；它是你的灾难和诅咒，你指定会事事不顺、处处

遇见 觉知的自己

受阻。

对此，自觉的心灵修为就更加受用了。如果生命是你的祝福，你一定能体会到乐、定、安、明、爱；反之，你也就无法心情快乐、情绪安定、心理安全、思想清明、充满爱心了。

有人也明白生命是整体给他的礼物，但他认为，他的生命是整体给他的特别的礼物，由此他就有了藐视别人、欺负别人的理由。对此非子送上两个字——平等——来说明生命觉知的内核。就是说，生命的祝福来自于平等，生命的灾难和诅咒来自于不平等。从家庭到集体，从国家到世界，想想，哪一次争斗没有不平等的因由？哪一种和谐没有平等的要素？

也因此，平等就该成为我们对偶然降世的首要觉知，由此意识到，唯平等才有对生命的珍惜，唯平等才有对他人的厚爱，就是我们的祝福。

二、你每天都有可能在天堂，也有可能在地狱

因着生活的变数，每一天都有可能成为你的最后一天，但你仍可以选择天堂，不要地狱，对这个可能的结果你要有所觉知、有所警惕。

你知道对人来说什么最重要吗？

呼吸最重要。呼吸是人的命门，呼吸也应该成为人的感恩。看看那些练瑜伽的人，他们练的是什么？他们练的就是呼吸，他们就是要通过呼吸来感悟整体，向整体诉说感谢。

只有感谢，除了感谢还是感谢。看看那些有福气的人，知道他们为什么有福吗？因为他们体内都带有感谢基因，他们的父辈以及父辈的父辈都心存感谢，世世代代，感谢的基因遗传到他们体内，他们从一生下来就懂得感谢。看看那些爱笑的孩子，那就是一个心存感激的孩子，他

不会说话，但他能用他的笑容对世界表达感谢。

还记得有小孩子出世的危险吗？一个婴儿出来，他怎么也哭不出来，然后护士就使劲地拍打他，有的孩子经过护士的拍打就哭出来了，有的孩子无论你怎样拍打他就是哭不出来。为什么？因为他没有呼吸了，整体把他的呼吸拿走了。整体掌管的最重要的一件事，就是人的呼吸。

明白了人和整体的关系，你就会觉知，尽管你降世了，你活在这个世界上，那也不意味着你就能拥有一世，平安到头。生活充满了变数，各种事情都有可能发生，但有一点，你感激生命，就会随感激的态度种善根，造福德，即使你因意外的缘由未能到头，你的善根与福德仍能延续，成为他人的福报；相反，你仇恨生命，埋怨生命，对你的降世不满意，甚至为发泄不满到处做坏事，那你就是在种恶业、造恶果。而古语说的"恶有恶报"在奥修的解释里，又有了进一步的深刻。

奥修说："几千年来，人们一直在想，恶有恶报，但我要告诉你们，恶不是受到恶报，恶就是那个恶报，恶里面就带着它们的恶报，恶报是每一个恶所固有的，它并不是来自于什么地方的一个果，它并不是你今天的播种，明天的收获——不是的。没有时间差。你犯罪，你马上就遭到报应，报应马上就开始，你在这里犯罪，报应马上在这里开始——你感到丑恶，你感到难过，你感到内疚，你心神不安，里面一片混乱，你不快乐，就像在地狱里一样。地狱并不在未来的什么地方，天堂也不是。每一个行为都带着它自己的地狱和天堂。"

因此也可以说，天堂和地狱就是自己的选择：

什么是天堂？天堂就是造福德。

什么是地狱？地狱就是种恶果。

也像一位修身者的顿悟，他说，如果你做了坏事，整体就会明晓你的作为，记下你的名字。整体虽然很宽宏，但整体同样有原则；而所谓的"人在做，天在看"，也是这个意思。你的表现，你做的每一件事，

遇见
觉知的自己

整体都看在眼里，并会根据整体的需要，对你做必要的惩处。

总之，对我们每个人都一样，因着生活的变数，你的每一天都有可能成为你的最后一天，但你仍然可以选择天堂，远离地狱，对这个可能的结果你要有所觉知、有所警惕。警惕自己的不满，警惕自己的懈怠，警惕自己的私心；要有时时种善根的虔诚，并把自己的虔诚化作行动。

三、这个世界上，没有人是孤岛

感恩是生产力，感恩生产快乐，快乐缔结硕果。

这是约翰·邓恩的一句话：在这个世界上，没有人是孤岛。

是的，在这个世界上，没有人是孤岛。尽管每个人都是一个独立的人，但每个人的生存、生活、思想、快乐、平安，都离不开他人。就算你是一个百分百宅族，就算你整天躲在屋子里不出去，你也不可能是一座孤岛；就算你和所有的人都没有关系，你认为你的生活可以完全靠你自己，你也不可能和他人没有联系。

好好想想，不用想大事，想小事，想基本需要，从柴米油盐酱醋茶，到被褥枕头服装衣帽，你离得了他人吗？你用的东西，哪一样不是经过他人的劳动，哪一样没有他人的辛苦？

实际上，让你觉知你不是一座孤岛，并不是说，你需要整天去拉关系、搞联络，不是那个意思。让你觉知你不是一座孤岛，是让你觉知，在这个世界上，你有许许多多要感激的人，不光要感激对你有用的人，也要感谢对你看似没用的人；不光要感激生养你的父母，也要感谢人你的亲人、同事和朋友；不光要感激人，还要感谢你遇到的每一件事、每一个物。

事有好坏，物有用否，但不管好事坏事，有用没用，只要是你遇见了，碰上了，你都得抱有感激的心态，这就是整体给人的功课。我们有幸降世，背负整体的使命，也有该做的功课；做不好功课，你就完不成使命；先做好功课，才有使命的付托。

不是有那么一句话吗？"凡存在的都是合理的"，笛卡尔讲这句话，其实正是从感激场中发出的电波。也因此，他所说的存在，就包括了好事和坏事，有用和没用。对此不讲大道理，单想你自己的经历你就能知道，只要你处在感激场中，你生活的每一个人、每一件事，对你都有"合理"的益处：好事成就你，坏事打造你；有用帮助你，无用启发你。

那些成功人士，对社会有贡献的人，都是做好了功课的人。他们从一开始就心怀感激，从一开始就让自己走进了那个巨大的感激场，不光感激人，就连他用的一滴水、一度电，屋外踏过的一草一木，他都怀有感激之情。因为他知道，没有水电，他就会退回到远古；没有草木，他就无法享受工作后的闲暇，更无法欣赏大自然的美景。

而感激的重要性，并不在于你获得了多少实际的好处，而是说，对人这样一个群体中的个体动物，没有个体的感知，就没有自我的生存；没有对他人的感恩，就没有个人的快乐。人的终极快乐——不管你与他人有否联系，或联系多少——一定要建立在你对他人的感恩之上。因为感恩是生产力，感恩生产快乐，快乐缔结硕果。世界上，每一个堪称硕果的果实，无不产生在奉献于他人的快乐中。只要看看今日世界之精彩，这个道理就不难领悟。

四、人在最艰难的时刻，要靠自己过关

有死亡这个酷友，才有我对生命的觉知；有死亡的垫底，什么样的苦难都不在话下。

上面讲了，这个世界上，没有人是孤岛。然而这样的觉知并不意味着，你在生活中一定要事事靠人，求助于他人的帮助。

事实是，人在最艰难的时刻，都要靠自己过关；人在最孤独、最无助的时候，往往是你走向成功、迈向成熟的前奏。

因为人虽然具有群体性，更具有个体性。人的群体属性多在物质层面助人生存；人的个体属性才能在灵悟层面给人觉醒。就是说，一个人的生存，离不开你与他人的协助与关联；但人在精神层面的觉醒与觉知，一定要靠你本人的修为和体悟。

这个意义上可以说，人不但是行动者，人更是体验者。

动物也有行动，但动物不是行动者。动物在行动上没有人的自主性，动物的一切行为都来自于本能，而动物的本能，又多是反应的结果，所以应该说，动物不是行动者，动物是反应者。动物只有反应，没有行动，当然也就不会有体验了。

只有人会行动，人是行动的发起者，也是行动的主宰者，所以人才有了对自己的体验和感悟。

对此每个人都有体会，比如一场暴风雨来临，动物会逃跑，人也会逃跑。但动物只会自己逃跑，动物不会去管别的动物，它更不会去抢救公共财物；人就不同了，人当然也会自己逃跑，但同时，人也会为了他人的利益选择不逃跑。顺着这个思路，再去遥想当年沉入海底的那座豪华油轮泰坦尼克号，设想一下，如果当时船上乘载的全是动物，会有怎样的情景呢？那肯定不会有四个乐队演奏者为逃生的人群安详拉琴的感人场景，而在那种时刻选择死亡，就成就了人之称之为人的选择和举动。

为什么？因为他们愿意选择有意义的人生，而在那种时刻毅然赴死，把生的机会留给船友，就是一种有意义的举动。而选择有意义的生，哪怕只有一刻的生，这四位演奏者也相信，他们的灵魂能得到安息，因为他们的灵魂在生死攸关的时刻，选择了干净。

的确，人的觉醒和觉知，往往发生在生死攸关的时刻。就在"那一刻"，生的意义突然悟出，人对自己的体验和感悟也成就了人的觉知和觉醒。

实际上，人所有的恐惧、焦虑、不安，无不来自于他对自我的迷惑：他不想否定自我，又怀疑自我；他不信任他人，又不能不随波逐流。带着这样的迷惑盲目入世，境遇好时，他独吞喜宴；境遇不好时，他期待他人分担恶果。直到他对他人的纠缠让人厌烦，他只好把对生活的怨恨丢给命运，以至于他终于走到了自罚的尽头。

这也是为什么，不少人，他们的觉醒并非来自于自然的顿悟，而是要经历深深的痛楚了：伤痛的撕裂，病痛的折磨，生死的考验，死神的光顾，仿佛只有站在悬崖边上，才能品出生之美味；只有站在死亡之巅，才能感悟生活的美好。

正好应了罗洛梅那句话："人如果不死，他就不可能热烈地去热爱生命。"

如果你是一个有觉知的人，如果你了解到死亡对生命的督促和鞭策，在你最艰难的时刻，紧紧地拥抱死亡，直面死亡，你反倒能生出一丝瞥见，让你从欲望缠绕的紧张中松弛下来，走向空掉欲望的轻松。

这时你会感到，你的内心正在发生着一个巨大的转变。在这之前你还在埋怨别人，怪罪别人，你对别人的要求还让你处在嗔恨的磁场中；而就在你跃向死亡的那一刻，不但你没有死，你还瞥见了一丝耀眼的光明，而正是那一丝光明让你的良知从心底觉醒，而后你深深地呼出一口气，或者号啕大哭，你知道，一切都过去了，之前笼罩你的黑暗消散了，所有的不满都放下了，一切的恩怨都结束了，那一刻，你会定定地，平静地对自己说：生命真美！活着真好！

是的，人是群体动物，人更是个体动物，人只有在经历孤独和痛苦的感知后，他才能获得心智的成熟。没有办法，整体在造人时，给每人体内都安放了一个"自己"的宝盒，这才是我们真实的自己，这个自己的开启只有经过孤独和痛苦。这个意义上，孤独是密钥，痛苦是打磨，只有带着密码的孤独才能开启自己的宝盒，那才是一个真实的自己，与宇宙合一的、与他人和谐的、再没有分裂和焦虑的、一个平安喜乐的、真实的人。

这时你才觉悟，原来以前的自我并不是你真实的自己，原来那个自我不过是你头脑的把戏：头脑有太多的欲望，所以头脑才充满焦虑；放下欲望，解开焦虑，让心感觉，让头脑休息。这样一来，你真实的自己立刻走马上任，你生命的机体也开始了正常呼吸。

也因此，在你有了对自己的觉知后，你就不再恐惧死亡了。相反，你会把死亡当作朋友，你会时刻提醒自己说：从今往后，有死亡这个酷友，才有我对生命的觉知；有死亡的垫底，什么样的苦难都不在话下。

五、你要对自己负责，更要对你的生命负责

只要想想，你每每痛苦时怎样在最后的艰难得以过关，你就能明白，原来在你的内心深处，是你永不屈服的生命在帮你打气，给你鞭策。

说人要对自己负责，大家好理解；说你要对生命负责，你就会感觉小题大做。什么叫对生命负责呀？我的生命不就是我嘛，对我自己负责，不就是对我的生命负责吗？

别急，请听非子慢慢说。

前面讲过，你的出生是偶然的，这个降世的名额，整体不是铁定给你的，只因你的"精爸"和"卵妈"偶然相遇，才有了你今生的降世和生活。

没错，你和你的生命是一个整体。正因为你和你的生命是整体，你在考虑自己的时候，才不能不考虑你生命的存在和感受；而那些对生命失去觉知的人，正是忽略了自己和自己的生命是整体这样一个事实。

他认为他就是生命，生命就是他的自我，其实他所谓的"自我"不

过是他头脑幻化的一个角色。生活中有太多的人，为寻找安全感，总在幻化自我的角色，感觉自己是大款，感觉自己是富婆，感觉自己是歌星，感觉自己是影后；更有感觉自己是女皇的女孩，幻想全天下的大款都是她的银行，全天下的男人都是她的猎物。

这也是为什么，一次失恋，就能让她肝肠寸断了。面对抛弃她的男人，她要么一哭二闹三上吊，要么她也会使劲破坏，让那个男人一辈子难受。

凡这样做的女人，她既没有对自己负责，也没有对自己的生命负责。也许她认为，那样做就是她对自己的负责，用她的话说："我为自己负责，我才必须得让他难受。"她把对自己的责任建立在某人的痛苦之上，她认为让那人痛苦，就是她对自己最大的负责。殊不知，正是她这种破坏性行为，亵渎了神圣的责任，扭曲了她宝贵的生命和她生命中那个真实的自我。

一个有觉知的人会意识到：我的生命不光是我的，它更是整体给我的礼物。对这样一个珍贵的礼物除了珍惜，我不能有稍许的怠慢和误读。

把这种理念落实于行动，首先你要知道，在任何艰难时刻，你都不能随意和任性。通常，人在情绪败坏时，总会有破罐子破摔的感觉，此种任性在当时也许特给力，一旦理智被任性冲开，接踵的后果往往让本人后悔或失落。

而你之所以会任性，就是没有考虑到你应该对你的生命负责，因为你的生命不光属于你，它还属于与你有关联的人，你的父母和家人，你的亲人和朋友，你任性的结果不但伤害了你和你周围的人，更重要的是，你忽略了你生命的存在和需要。

什么是你生命的需要？

你的生命需要你跟它在一起，你的生命需要你考虑它的感受；你的生命从来就没有放弃过你，你的生命对你一直有指望，你的生命一直在

遇见
觉知的自己

枕戈待旦，你的生命一直在为你的快乐尽力、效劳。

对你生命的奉献你不用挖空心思地找证明，只要想想，你每每痛苦时怎样在最后的艰难得以过关，你就能明白，原来在你的内心深处，是你永不屈服的生命在帮你打气，给你鞭策。

想想你生命的无私，每个人都该为生命感动；想想每个人的种子，都是在你的"精爸"和"卵妈"最健康、最给力的状态下才得以成活，就能想象，如果你觉知到：你活着，不但要为自己负责，还要为自己的生命负责，为此放弃偏见和我执，不要任性和冲动，果真那样，你的家庭会有怎样的和谐，这个世界该有怎样的美丽与和睦！

这就是人的使命，也是你生命的使命，你活着，不但你健康了、快乐了，同时你还为世界的美丽与和睦尽了你的一份力。果真那样，即使你就是一个普通人，你也可以这样告诉你的孩子和父母：我不是社会意义上的成功者，但我仍然很自豪，因为我拥有一份快乐的人生和有意义的生活。

六、每个人都有两个生命：身的生命和灵的生命

大到一人一物，小到一草一木，灵性的生命跳动在我们周围的每一片叶、每一方土。

人生最痛苦的事是什么？悔不当初。这四个字，只要你悔悟过一次，你就会感同身受。试想，在你告别生命的那一刻，如果你真对自己哀叹一句"悔不当初"，那么可以说，你这一生就算是白活了。

人为什么能悔恨？因为人有两个生命——身的生命和灵的生命。

每个人都有两个生命，每个人都有身的生命，也有灵的生命。

王尔德有一个故事，《陶琳·格莱的肖像》，这位英国作家用一幅肖像画的故事，借喻了人之灵魂的重要性。

陶琳是个帅哥，风流倜傥。陶琳的朋友给陶琳画了一幅肖像，肖像上的陶琳阳光、俊朗。然而陶琳不务正业，把大把的时光消磨在与女人的欢情中。一天，陶琳打开肖像，肖像的丑陋令他迷惘。陶琳因无法忍受肖像的丑陋，开枪自杀，倒在自己的肖像前。不久奇迹发生了，陶琳的朋友再次打开肖像，肖像上的陶琳又恢复了以前的阳光。

　　这是一个很好的比喻，在这个故事里，陶琳和他的肖像其实是一个人，陶琳代表肉体，肖像代表精神；肉体的堕落使精神枯萎，肉体的蜕变又唤醒了精神的希望。

　　这就是人，这就是人的灵的生命。灵的生命有自我调节的功能，每个人都有，就是心理学上讲的良知和自觉。每个人都有良知和自觉，良知让人知道对错，自觉让人主动修正。

　　如果你能觉知到，你有两个生命，不但有身的生命，还有灵的生命。如果你能觉知到这个秘密，你在生活中对自己的言行就会有所收敛，有所检讨。就像那句话：什么是好人？好人是有所不为的人。什么是坏人？坏人是无所不为的人。

　　是的，好人是有所不为的人。我们要做好人，就得学习有所不为。知道自己需要什么，不需要什么；该要什么，不该要什么；能做什么，不能做什么。如果你一生都在奔命于不需要的，要不该要的，做不能做的，即使你没有犯法、没有坐牢，你的人生也保不齐会有出轨或暗礁，到你清醒的那一天，你灵魂的问卷仍会让你遭受"悔不当初"的懊恼。然而，到了那一天，怕是谁也帮不了你了，就连你自己也无能为力了，因为你老了，病了，走不动了，只有躺在床上听天由命了。到那时，如果你每天脑子里响着的都是那四个字，"悔不当初——悔不当初——"，那该是怎样地撕裂！你有想过吗？

　　这个场面，一个有觉知的人，只要他想一次，他就会惊吓出一身冷汗，他就会对自己有所反省，对自己曾经无所不为的任性有所忏悔，感到愧疚。

遇见
觉知的
自己

062

前面讲过了，生命是有尊严的，生命自有生命的尊严。在这个大千世界，我们每个人的生命只有在你与其他的生命和谐相处时，才能体现你的尊严，同时也体现出你生命的尊严。大到一人一物，小到一草一木，灵性的生命跳动在我们周围的每一片叶、每一方土。不光对我们自己灵的生命，对我们身边每一个灵的生命，为了我们最后的平安，也为了我们子孙后代的喜乐与平安，我们没有选择，只有对每一个灵的生命深怀敬畏，高举虔诚。

要对自己灵的生命有所觉知，该怎么做呢？

没有别的办法，只有给头脑洗澡，对自己的言行常反省、勤检讨。

反省就是给头脑洗澡，头脑整天在外面待着，和人的脸一样，最好是每天清洗，以保持它的干净。特别在这个信息爆炸的时代，垃圾信息比比皆是，对这些垃圾如果没有反省，没有筛选，想想看，天长日久，我们的头脑该会有怎样的混乱和麻木。

其次，要你勤检讨，也不是要你整日愧疚；相反，正因为你有了检讨的习惯，你才不至于心神不宁，生活在对他人的愧疚中。而所谓的"有则改之，无则加勉"也是这个意思，有错就改，没错就走。但有一点，觉知地往前走和盲目地往前走，到底有了本质的不同：前者客观，后者主观；前者考虑他人，后者只有自我。

其实每个人心里都有一块净土，只不过，人家的净土没有机会在你面前表现，你就凭你看见的那一点急于给人家下结论。这种主观主义的毛病，需要彻底改正。让我们时时反观自己，觉知自己，对自己灵的生命，不敢有稍许的怠慢。

七、真正的付出不是给你有的，是给别人要的

到那时，不管是朋友过节，还是邻里冲突，你都会心怀坦诚，绝不让自尊挡道；而是，让爱给自尊带路。

对每一个人来说，付出不光是一个好词，付出更是一个有机的链条：从给出东西到给出信任，从给出帮助到给出快乐，没有广义的付出，不会有社会的和谐；没有具体的付出，不会有社会的进步。

尽管付出本身没有界限，但在人们的意识中，付出仍有自己的原则。比如在物质上，母亲都愿意给予孩子，而且母亲对孩子的物质要求大都能有求必应，尽量满足；但如果一个孩子要快乐、要自由，母亲很多时候会举棋不定，或者她也会对孩子的要求置之不理，要么就是拒绝孩子，并以"你还小，爸妈要为你负责"为借口，来搪塞孩子的要求。

这里不是说父母为孩子负责有什么不对，而是要看你拒绝孩子是真的出于对孩子的责任，还是你有私心，害怕孩子的离开让你失落。

对这一问题弗洛姆早有论述，弗洛姆说：绝大多数母亲都能给孩子乳汁，在乳汁的给予上，母亲是无私的奉献者；一旦孩子想要阳光，很多母亲会有所退缩。

为什么呢？

因为给孩子阳光的母亲，她自己一定得先有阳光；有阳光的母亲，她才能给孩子阳光，而且给多少她都不在乎，因为她知道阳光只会越给越多，阳光绝不可能越给越少。而那些没有阳光的母亲，她们自然会在孩子想要阳光的时候，表现出拒绝和搪塞。

这也是物质给予和精神给予的不同：物质给予容易，精神给予不容易；物质给予一般不用碰触人的内核，精神给予则在人格层面考验了一个人的深层品德。

具体到母亲与孩子的关系，什么叫给予阳光，举例说明。

比如，某位母亲，她自己的婚姻很不幸，她丈夫在她很年轻的时候就抛弃了她，一直以来她都生活在对男人的憎恶和恐惧中；但她非常爱她的女儿，她把女儿当作她唯一的慰藉和财富。

很快女儿就长大了，很快女儿就恋爱了。可是当女儿把男友带回家与母亲见面时，母亲却表现出从未有过的反感和冷漠。母亲对女儿说："你还年轻，不懂男人，妈妈不是不要你恋爱，妈妈是害怕你受伤害，被人欺负。"

接下来的日子，母亲和女儿的关系出现了裂痕。女儿爱自己的男友，相信自己的选择，可母亲却一再阻止女儿，而且每回都以责任为借口；但当女儿要求与母亲交心时，母亲又是一再拒绝，不肯接受。那些日子，母亲对女儿说得最多的话就是："你要是心疼妈妈，你就跟你的男友断绝关系。"

女儿没有听母亲的劝告，继续与男友来往，直到两人有了深层关系，很快，男友移情别恋，女儿落得和母亲一样的下场。

在这个"案例"里，什么是阳光？女儿的初恋是阳光，女儿想带男友见母亲是阳光，女儿想与母亲沟通是阳光，女儿想得到母亲的理解是阳光。这些都是女儿想要的；可对女儿的想要，母亲就是一点也不肯给。母亲是真的对女儿负责吗，还是潜意识里嫉妒女儿的幸福，害怕女儿的离开呢？

很显然，在阳光的给予上，这位母亲没有能力，她没有阳光。她从早年被丈夫抛弃后就一直生活在阴雨里，她心里就没有过阳光，她怎能满足女儿的要求呢？她没有啊。

有阳光的母亲，即使她有过遭遇，她也不会让遭遇影响她，她会选择走出泥泞，走出阴雨；有阳光的母亲，即使她不同意女儿的婚事，她也会尽量与女儿沟通，倾听女儿的声音，同时呈上自己的经验，并在讲述经验时抱以客观的态度，让女儿自己决定，自己选择。母亲只要说一句："你是妈妈的女儿，妈妈相信你，而且妈妈愿意和你做朋友，你有问题能跟妈妈交心，那是妈妈的荣幸。"

试想，如果你有这样一位母亲，你从一开始就跟随妈妈走到了幸福的磁场，你怎能不健康、不快乐，你的婚姻怎能不幸福呢？

其次，还有两种关系最能考验一个人的深层品德：一是有利害冲突的私人关系；一是没有利害冲突的公共关系。

在所有的人际关系中，夫妻关系的利害不言自明。在夫妻的小堡垒里，夫妻二人大都对彼此心中有数。不管是物质给予，还是精神给予，只要彼此相爱，矛盾和冲突总能化解，问题也会有所着落。因为处在这一关系中的两个人，每一个都能为对方着想，每一个都是抢先付出。而两个人，只有在相互付出中共同成长；彼此的关系，也只有在共同付出中变成生产力，越给越多。

大凡感情破裂的夫妻，都是在给予上有所耽搁或退缩，不管是给钱财还是给自由，一旦没有了爱，或缺少了爱，所谓的自尊一定会不顾一切地站出来，为他的个人利益鸣锣开道。

这是因为，一个有爱的人，他不会无视别人的感觉；一如一个外场上的大男人，他通常会在家里俯首帖耳，让妻子享受被宠的骄傲；一个没有爱的人，他就只有拼出面子来遮掩他的虚空了，或者一旦他不需要面子时，他也会在爱人面前撕破脸皮，完全没了外场上的"优秀"。

在没有利害的公共关系中也是如此，这种人在生活中并不少见：比如某人在公司是个有头有脸的大人物，但在公共汽车上，他竟会为售票员的一句话大肆较真；或者，他也会因为某位乘客的推搡而大打出手。

上述表现，一个有觉知的人他通常不会这样做。对一个有觉知的人，每个人的生命都有尊严，每个人的存在都有合理的理由。即使他碰上的事完全不公平或者某个人就是耍混，他也会在保护自己的前提下尽量缩小矛盾，以便给对方更多的理解和最大的爱护。

可不要小看这种"无用"的善行哟，它的意义并不在你"拯救"了一两个路人，而在于，不管世事多沧桑，生活多坎坷，只要你始终站在阳光下，好运和好事总会向你招手。即使你没有得着大实惠，你有一个快乐的心态，用修为的标准看，那也是你的大缘分、大福德。

这就是古人所言的"不因善小而不为"了。

一旦你走入这样一个境界，你跟天下的人就都平等了。到那时，不管是朋友过节，还是邻里冲突，你都会心怀坦诚，绝不让自尊挡道；而是，让爱给自尊带路。

八、杜绝潜意识里的"应该症"

知足的人，他满足的不仅是那件事和那个人；他也会感激他人、感谢世界和生活。

"应该症"可能是人类从动物基因里带来的习性。仔细观察大猩猩就会发现，一个首领大猩猩是如何地妄自尊大，在它眼里似乎根本就没有对同类的尊重，他似乎就是天经地义的坐享其成者。

正常的普通人当然很少有像大猩猩，但在不同的地方，不同的场合，对不同的人，人的"应该症"可以说是比比皆是，无处不有。

孩子认为，因为你是我的父母，你就应该对我好；

父母认为，因为你是我的儿女，你就应该听我的；

妻子认为，因为你是我老公，你就应该给我优越的生活；

丈夫认为，因为你是我老婆，你就应该对我照顾周到；

老师认为，因为你是我学生，你就应该懂得师道尊严；

学生认为，因为你是我老师，你就应该给我特别的关照；

领导认为，因为你是我的下属，你就应该服从领导；

下属认为，因为你是我的领导，你就应该提拔我。

上述种种应该的想法，如果从第三者口中说出，就有一定的权威性。因为站在不同的角度，应该心理中"要"的成分会减少，应该的责任会加重；但同样是应该，如果从本人口中说出，应该的责任会减少，"要"的成分就会加重，这种太过自我的欲求心理，不用讲大道理，只要你能设身处地，将心比心，你也能体会，用那样的口气要求别人，即使你的要求很正当，对方听起来也会不舒服。

生活中，正常关系受到"应该症"的疏离和困扰，不在少数：原本孩子很爱父母，但父母一再强求孩子，致使孩子的爱心受到伤害，感觉到的反而是父母的占有欲和自私；原本父母很爱孩子，但孩子一再要求和索取，致使父母很寒心，无法不感觉心灵的孤独；一对结婚多年的夫妇，老公对老婆从来没二心，但老婆就是改不了疑心病，结果两人的关系降至冰点；原本女友对闺密很贴心、很坦诚，只因闺密太敏感，两人的亲密罩上了阴影。

　　而所有这一切，无不归咎于"应该症"的作梗：一旦应该的心理变成习惯，习惯下的索取就变成了侵略；一旦应该的想法变成无意识，随性而来的要求就变成了享受。而不管那些"被侵略者"或"被享受者"多有素质，只要他是一个正常人，怕都不会喜欢这样的肆意。这种事要只有一次还好说，坏就坏在，人家还对你有所谅解，有所期待，你却对人家的厚道不以为然，把你心里的"应该症"发挥到我行我素的地步！

　　一则寓言故事，从本质上讲述了"应该症"的害处。

　　一个乞妇，很穷很穷，打从住进村子的第一天起就总对周围的邻居不满、疾恶如仇。有一点她怎么也不明白，为什么大家同住在一个村，人家的房前屋后都是溪水潺潺、绿树盈盈的，可她家的门前一直以来就是枯枝零落、土地干涸。后来她只得靠乞讨度日，但就算是乞讨她也不痛快，感觉讨来的饭食都是苦的。

　　带着这样的困惑，有一天，乞妇叩开了村里唯一一位圣贤的门。她把自己的愤懑告诉了圣贤。圣贤听后没有说话，指着眼前的一个面包说："你说了这么多，也累了，先吃点东西吧。"

　　乞妇二话没说拿起来面包就吃，可感觉面包硬得像铁块一样，根本就咬不动。乞妇气得刚要大骂，圣贤说话了："现在换一种方法，你说'不，我不要'，再看看结果。"

　　乞妇虽然还在气头，碍于圣贤的指点，也不好太过分，可当她想鹦

遇见
觉知的
自己

068

鹦学舌地说出圣贤要她说出的"不"字时，她发现说"不"对她太难了！多少年，她从来就没说过"不"字，不管对谁，对什么东西，她习惯出口的字就是"要，我要这个，我要那个"，好像那些人和那些东西都是给她预备的，好像这个世界生就得听她的使唤。这时乞妇才恍然大悟，明白了自己的痛苦，惭愧地低下头来，给圣贤鞠了一个躬说："不，这回我不要了。"

怪了！乞妇的"不"字还未落音，一个松软香喷的大面包就在乞妇眼前出现了。但这时的乞妇已经不贪了，她对圣贤说："先生，这么好的面包，我还是头一回看见，我要把它带回去，送给那些和我一样缺吃少穿的人。"

圣贤笑了，乞妇也笑了。待乞妇到家后，看见自家的门前也长出了葱葱绿树，鸟儿还站在树上吱吱地唱起歌来。

怎么样，听完这个故事有感受吗？可不要以为这只是故事啊，个中的道理无须言喻，只要你经历过同样的苦痛，就能明白其中的良苦。它告诉我们，只要你心里的"应该症"指向的是对他人的欲求，这样的欲求就不可能让你快乐和满足，即使你偶然得到了欲求，那也不是你的福分，只是你的侥幸，而侥幸得来的东西，早晚有一天会失去。也许你在这件事上没失去，但在另一件事上就有可能失手；也许你这辈子都大吉大利没有所失，但保不齐你的儿女子孙会替你失落。

这就是最终的真相，人生的真相，宇宙的真相，这个真相没有什么奥秘，就一个字——平衡。你不可能随心所欲，你不可能想啥来啥。不光你不可能，任何一个人也不可能，这是不可能的事。这就是天道，这就是真相，因为这个世界上不是你一个人，世界不是你的，它是大家的，是地球人的，是越来越多的地球人共有的。要想在日益拥挤的球体上活得敞亮、痛快，你只有一件事可做，就是从心里丢弃"应该症"，学会努力和感激：自己努力，感激别人。不光自己眼下、现在努力并感激别人，你得有一生一世自己努力、感激别人的觉悟。这是你接受真相的唯一办法，最有效的办法，舍此你不会有快乐，更不会有满足。

其实，你对别人的一次性要求，也许不会影响你的生活，但这种应该的欲求要成了你的习惯，欲求不到时，你就会有嗔恨或有愤怒。不光对不给的人和不能给的人少了一颗平常心，甚至对生活、对世界你也会疾恶如仇。

这也许就是"知足常乐"的深意了。知足的人，他满足的不光是那件事和那个人；他还会感激他人、世界和生活。

一直以来你都想让生命听你的话，跟你走，然而，杜绝了你潜意识里的"应该症"你才发现，你不再要求生命了，你的生命才肯听你的话，跟你走。为什么呢？这就是生命的法则——有欲则阻，无欲则通。

九、快乐是由你看待生活的想法决定的

爱攀比的人，就等于在自己的人生旅途中给自己设置了一系列的路障，不但他再也看不到路边的风景，他还深深地陷入超越路障的紧张中。

2001 年，非子的第三本书《快乐女人》出版了。出书后，曾有读者向非子咨询，她们想知道，怎样才能获得快乐；还有就是，关于获得快乐有没有一个便捷的办法。

非子告诉她们，你要想快乐，很简单，所谓便捷的办法也不是没有，就是改变你的想法，从你固有的思想禁锢中解放出来。

的确，这样一句话很简单，可要把这句话变成操作，让每一位困惑者明白，怎样才能从自己固有的思维模式中解放出来，还真不是一件容易的事。

这本书就是一本讲思想解放的书，所以，那句"思想是种子"的话，我们需要多次提点，多次重复。

遇见 觉知的 自己

没错，思想是种子，不但是你命运的种子，也是你每一次经历的种子。

心理咨询也是一种经历，而从你咨询的问话里，就能听出一个人思想的种子。比如，有读者问到快乐时，不大问这种大问题，她一上来就跟心理医生说：我知道我不快乐，我不想让你教我怎么快乐，我想知道我的问题出在哪儿？

非子感谢这样的读者，对她们怀有一份深深的敬重。因为她们是那样地坦率，那样地简单，她们跟心理医生坦诚相见，不怕跌份，也不怕给自己揭短。因为她们明白，一个有问题的人，她要老是回避问题，不敢面对问题，那才是真的跌份、没有尊严，而且她们这样做，已经是走在通往快乐的道路上了，这种想法本身就已经包含了快乐的种子。

而另有一些读者，如上面那些总想找便捷方式的人，她们思想的种子从一开始就不对劲：您想啊，连心理修为这样的事都不想好好努力，还想抄近道，找便捷方法，这种潜意识里的懒汉思想本身就违背了快乐原则，这样生活的人，她怎么能快乐呢？

所以，快乐的第一个条件应该是勤劳，爱劳动，不光爱身体劳动，还得爱思想劳动。这样一个双勤劳动模范才配享有快乐的桂冠。

事实也是如此，大凡成功的人，都是非常勤奋的人；大凡懒惰的人，怕是都有贪欲的毛病。这样一个有贪欲的人，他怎么能快乐呢？他从一开始就堵塞了自己快乐的通道，他从有贪欲的那天起就宣布了自己跟快乐的分手。

而这里所说的快乐，并不是我们想的那种对一件事高兴得发狂的开怀大笑。人在精神上的终极快乐，一定是发自内心的平安与喜乐，它就像一条静静的小溪，不管雷电多迅，风雨多大，它始终孑然自处着，在宇宙的怀抱里享受着内在的喜乐。这样一种快乐，就不是外在繁华所能给予的了，它是内在的财富，在你的心底，只要你播撒下觉知的种子，快乐之果一定会给你意外的收获。

其次，有占有欲的人，他恐怕也不大容易快乐。比如，某个妻子对丈夫特别地上心，某个母亲对孩子过分地关爱。表面看这的确是一种爱，但因为这种爱太过周到又太紧张，往往被爱的人很难感受到爱的快乐。

这也是某些孩子与某些男人的烦恼之所在，就像有读者倾诉的：你说我老妈不好吧，她对我的照顾让我巨紧张；你说我老婆不好吧，她对我的爱让我老是想逃跑。这种牢骚，在倾诉者讲来痛苦万分；在"被告者"听来又格外地委屈，无比地"寒冷"。

该怎么办呢？

没有别的办法，对这位寒冷的"被告"，你只有静下心来，用设身处地的办法来几次将心比心，把你当成被关爱的对象，让自己体验一下被别人那样关爱的感受。也许一次体验你还不能清醒，但经过几次的想象，尽量展现那个画面，你就会明白，为什么被别人关爱也会从心理上伤害别人。

因为每个人都是一个独立的个体，特别是成年人，他有独立的尊严、独立的人格，作为儿子，他不是不想要母亲的爱，但不能被爱到没有了空间；作为丈夫，他也不是不要老婆的体贴，但也不能体贴到没有了自主。

还是那句话，这世界上就三件事：你的事、他的事和老天爷的事。如果你丈夫出门赶上暴雨了，那是老天爷的事，你没必要出于对他的关心，再打车跑到他的单位给他送雨伞；你儿子出了一趟差恋爱了，那也是老天爷的事，那是老天爷给他安排的缘分，就算你是他的母亲，你也没必要抓住点蛛丝马迹就来回地审问。毕竟那是你儿子找老婆，不是你找媳妇，加上你儿子是男人，尽管他还是个"小"男人，你也得给人家应有的尊重，不能什么事都刨根问底。好好想想，你要是被别人这么问来问去，你会舒服吗？你能不烦吗？

所以，放下那个紧张的扣儿，把心里的扣儿解开，再试试，你是不是就好多了，是不是感觉快乐起来了？

对呀，就是这么简单，快乐就是这么来的，不用你刻意去培养快乐，只要你改变了禁锢的想法，快乐自然就到了。快乐就是这么一个快乐的孩子，他时刻准备着让你快乐，以前你就是太紧张了，什么事都想操心，什么事都想自己扛，你不觉得累吗？

实际上，每个人都有自己的运行机制，每个人身体上的每个部件都有自己的运作方式，你用不着对自己的身心和别人的身心那样地大包大揽。现在怎么样，改变了想法，解开了紧张的扣儿，是不是很释然，感觉很快乐？

还有一种不快乐的人，就是爱攀比的人。他们喜欢跟别人比：比收入、比住房、比车型、比享乐，还有比老婆、比孩子的，总之别人有什么，他就比什么。似乎攀比就是他人生的目标，为攀比苦着并痛着，就是他的生活方式。

其实要拿他跟不如他的人比，他早就进了富裕一族，可他就是这么一种人，对自己的所得永不满足，对别人的所得青睐无限，这就等于说，让自己跌进了一个无底洞。住在这个无底洞的人，在自己的拥有里怎么也找不到幸福，在别人的拥有里找的全是痛苦。

实际上，爱攀比的人，就等于在自己的人生旅途中，给自己设置了一系列路障，不但他再也看不到路边的风景，他还深深地陷入超越路障的紧张中。在他无边的想象里，路障总在不断地加长和升格，他在望不到头的路障前，总觉得自己就像一个孤独的长跑者，获胜的希望让他不甘心放弃，失落的焦虑又让他感觉自己随时都有可能被赶出跑场。

仔细想想，他也不知道他要的是什么，算起他的全部所得，他什么也不缺，可他就是摆脱不了跟别人攀比的诱惑。这样一来，他就等于浪费了自己的年华，他不是在为需要奋斗，他是在为不需要奋斗；而一旦他不需要的东西得到了，他又盯上了下一个目标。结果他的人生就成了一场痛苦的浪费，不但浪费了自己的年华，也葬送了家人的幸福和快乐。

攀比是人的特性，只有人有攀比的嗜好，动物是不会攀比的。你有听说过动物攀比吗？没有。老虎是很威风，"你威风就威风你的，我不羡慕你，我就是想做我的快乐鸟"，黄鹂对老虎说。大象牛不牛啊，"是很牛，那有什么了不起的，我想爬就爬到你的背上去享福，你能在我的背上待吗？不能吧"。蚂蚁看着大象，打心眼儿里骄傲。

接下来的这个故事就更有趣了：

话说一头男大象看上了一只女蚂蚁。有一天，大象直问蚂蚁："你是不是喜欢我啊?"蚂蚁说了声"是"，随后就听见一声暴雨般的哈气，蚂蚁就不见了。

过了很多年，大象老了。一天，步履蹒跚的大象打从老远就看见了一个熟悉的身影。等那个小身影爬到大象跟前，大象定睛一看，才认出那就是当年说过喜欢它的小蚂蚁。看见自己的初恋对象，大象有点百感交集。还没等它回过味来，蚂蚁就发话了，蚂蚁说："你当年的一个哈气把我打到了十万八千里。我花了这么多年的时间爬回来，就是想告诉你一句话——"大象激动得连耳朵都竖起来了，可谁承想接下来的那句话让大象几乎晕了过去——"咱俩不合适!"

你看看人家蚂蚁，虽说人家个头儿小，在堪称"大爷"的大象面前，仍表现出十足的尊严与个性。这只蚂蚁值得我们学习吗？太值得了!

这个意义上，对人来说，动物都是值得学习的对象。因为动物都活在当下，它们没有过多的奢求，它们完全为了需要活着；除了需要，它们就是享受自然，从不给自己加码。动物在自然界以全然存在的姿态活着并快乐着，今天的我们实在有必要向动物学习，向动物致敬。

如果你有了向动物学习的觉知，可以说，快乐的种子已经在你的心田开花结果。

十、跟你过不去的不是别人，是你自己

因为信仰美好，他才能相信世界，相信人性，并把这份信任根植于心，让心带着世界走，而不让世界扰乱他。

"杯弓蛇影"的故事，大家都有听说过：

一个人到朋友家去做客。主人把他带到书房，倒了一杯酒请他喝，他却在酒里发现了一条小蛇。他虽然害怕，又不好冒犯朋友，就把酒喝了下去。到家后，这人就病倒了。

朋友听说了那人的情况后，再次请那人来家做客。两人在书房坐定后，主人又递给他一杯酒，问他："怎么样，在今天这杯酒里，你还能看到那条小蛇吗？"客人说："看到了，跟那天的一样。"朋友大笑，指着墙上挂着的一张弓说："你看到的是弓的倒影，这里根本就没有什么蛇。"

那人先看了看墙上的弓，又看了看杯里的酒，这才相信，杯子里确实没有蛇，他原先认定的那只蛇，只不过是弓的倒影。他离开了朋友的家，没服任何药，几天以后病就好了。

读了这个故事，有悟性的朋友就心领神会了，对呀，这个故事太好啦，这不说的就是我们嘛！生活里，有多少人因为对自己和世界的局部看法而发生过杯弓蛇影的笑话呢？恐怕是太多啦。

有一个疑心重的女人，也许是她太爱她的夫君，又或许她少有自信，总之，自打她给那人当了老婆，她悬着的心就没一天落定。加上她老公干的又是演艺界的活儿，手下本来就美女如云，嫁给这样一个男人，她脆弱的神经时有分裂，以至于她终于跌入到杯弓蛇影的境地。有时是一个电话，有时是一个短信，总之，手机一响，她心里就紧张；短信一叫，她就觉得有鬼。这样的日子持续了大半年，她决心跟踪盯梢，

拿到证据。

有一天，她亲眼看见老公和一个女人在湖边散步，于是她心里的小蛇开始翻腾。晚上回到家，她执意要老公交代个明白。老公被老婆问得丈二和尚摸不着头脑，待老婆说出湖边散步的情景后他才坦言，原来老婆疑心的女人是团里刚来的艺术总监，所谓的湖边散步也不过是两人在谈创意、谈剧本。

类似的事情又闹了两回，女人的情绪低落到极点。其实老公并没有因此想离婚，也没有跟她提过离婚的事，可就因为她自己有闪失，她又开始揣摩起老公的心思。就这样又过了大半年，她因感觉不适到医院去体检，经医生一检查，她已经患上了抑郁症。

上面的故事大家看了都不陌生，如果要让您给这位女士做心理治疗，对她的问题，想必您也能说出个所以然。是啊，很明显，这位女士的问题在哪里呢？就在她不停地疑神疑鬼，先是怀疑老公身边的女人是鬼，又觉得老公本人像是个鬼，结果呢，疑心的鬼她一个也没抓着，反倒是她心里的鬼让她患上了心理疾病。

所以，要说有人跟这位女士过不去，跟她过不去的人是谁呢？我们已经看到了，在这位女人的故事里，跟她过不去的人既不是她老公，也不是她老公身边的女人，而是她自己。

是的，跟你过不去的不是别人，就是你自己。

为什么会发生这样的事呢？就因为你的思想在作祟；是你先想到了鬼，而后鬼才会来找你。现在不是有个秘密已经揭开了吗？所谓吸引力法则的秘密，讲的就是这个道理。有句话叫，你想什么，就来什么。这就是吸引力法则：你整天疑神疑鬼，你肯定会遇见鬼；你从来就不信神不信鬼，即使鬼怪横行，它也不敢对你造次。

所以，你要想好好活着，痛痛快快的，高高兴兴的，快快乐乐的，没人能拦你，除了你自己。你不想痛快，你就没法痛快；你不想高兴；你怎么也高兴不起来；你硬是不快乐，跟自己较劲，那快乐死活也不会

遇见 **觉知的自己**

来找你。

这也是自然界每一个灵性生命的法则：快乐是一种心情，它更是一种感应。如果你是个快乐的人，即使你在痛苦的时刻，快乐都会守在你的门外，轻轻地敲你的门，等着来陪伴你；可你要是个郁闷的人呢，快乐就没那么主动了，快乐就对你敬而远之了，快乐就不会上赶着来找你了，因为你没有给过它快乐的感应。

这也是为什么，快乐的人，遇到什么样的事情都快乐；不快乐的人，碰到什么样的事情都烦心。

觉知了这个道理，人就容易释然了。具体到上面那位女士，你就应该这么想："对呀，别人跟我过不去，我没有办法；我干吗要跟自己较劲呀。再说啦，谁没有缺点呀，谁没有软肋呀，谁这辈子没跌过份呀！就算我在爱你的问题上出了点大格，那还不是因为我爱你吗？我的动机是好的呀，我在乎你呀，一个男人被自己老婆在乎到这个程度，那是你的骄傲呀；不信你试试，要是有一天我不在乎你了，没准你还失落了呢！"

你看，同样是一件事，想法改变了，世界就全变了。刚才还阴云密布呢，现在就万里无云了。这是多么简单的一个改变呀。

好，有了改变的想法，接下来的你应该怎么办呢？

从现在起就忘掉这件事，就当这件事从来就没有发生过，然后好好工作，好好生活，好好睡觉，好好吃饭，好好做家务，该干什么干什么。

但要记住，千万不要走极端，不要开始是疑神疑鬼，现在又反过来急于检讨，急于示好，急于修复关系。不要这样做。这样非但不利于关系的修复，反而更容易混淆是非，增加别人的厌烦。

你有过厌烦过一个人的体会吗？各位可能都有过。当你彻底厌烦一个人的时候，那人的好坏对你已经不重要了，在你心里他已经成了一个多余的人，你对他已经没感觉了，对一个多余的人，你还会有反应吗？

这时不管他跟你说什么，恐怕你都没反应了。因为经过了这么长时间的折腾，你的感觉器官已经麻木了，几乎达到了"厌烦饱和"的状态。

具体到上面的这位女士，虽然她的老公没有跟她提离婚，但由于她多日以来的猜疑和折腾，人家对她的厌烦显然已经到了饱和状态，而且人家的厌烦饱和正是来自于她的不耐烦、不自信。现在她想跟人家修好，首先要修复好自己耐烦的心态，还要学会等待，要对因为不耐烦给人家造成的伤害勇于承担责任。

上面的这位女士，她烦过别人，所以，她现在要做的，就是要主动承担烦人的后果；她猜疑过别人，她现在要做的，就是用耐烦的行动来证明她对人家的信任。

只有这样做，没有别的办法，要静下心来，耐心地等待，要知道，等待别人的疗伤，也是你自我康复的过程。只有这样你才能真的改变。接受一种想法也许不难，难的是实践一种想法，它需要实践者的真诚，更需要有耐心，而只有当你交付真诚和耐心以后，那种建设性的想法才能变成你今后的习惯、磁场和思维定式。

不是吗？这样一来，你就变成了一个新人，有了一个新的开始。

这就叫觉知，这就是觉知的好处。如果一个人能始终有觉知，他就不大会有不快乐了，在他眼里，有阳光，世界也好；没有阳光，世界也好；吃好的，生活也好；吃差的，生活也好；相聚友人，心情也好；一人独处，心情也好；有人理解，感觉也好；没人理解，感觉也好。对他来说，不管是春冬秋夏，还是风霜雨雪，都是好时节，因为他已经没有闲事挂心头了。

总之，一个有觉知的人，就是一个信仰美好的人。因为信仰美好，他才能相信世界，相信人性，并把这份信任根植于心，让心带着世界走，而不让世界扰乱他。

第三章　臣服觉知：接受对生命的敬意

你觉知到对自己有责任，你会努力从一个病人变成一个健康人；你觉知到对他人有责任，你也会努力帮助他人从病人变成一个健康人。

臣服这个词，很多人听起来不习惯。我们从小听惯了斗争，与天斗、与地斗、与人斗，其乐无穷，因此和臣服比，似乎斗争让我们觉得更给力、更带劲。因为斗争主动，臣服被动；斗争积极，臣服消极；斗争明朗，臣服暧昧；斗争尊严，臣服跌份。

实际上，斗争和臣服都没有错，斗争和臣服不管对整体或个体都是必要的功课，也不可避免。而且在某种程度上说，斗争和臣服是一回事，是一个钱币的两面，有斗争就必然会有臣服；你臣服时，你小我的斗争也不可忽略。

奥修说，圣人和凡人的差别不在看问题的深刻，而在看问题的角度。这也是说，圣人和凡人看问题的角度不一样：凡人看局部，圣人看整体。正是各自不同的角度造成了人的质的差别。

试想，把我们所处的世界看成是一个村子，圣人就等于是站在树上看世界，从村的这头儿看到村那头；凡人就等于是在家看世界，家对他来说就好比是一口井，他整天待在家里，就等于是坐井观天。

结果，一个上树，一个在家，打从一起步，两人的命运就有了质的差别：在家待着的人，他压根儿就不知道外面还有一个村子，他想的和做的都只是他的家和他家炕头上的那点事。

久而久之，即使从别的地方飘来有益的信息，他多半也是拒绝和回避，因为他没有见过那种东西，他只对他见过的感兴趣，对他没见过的东西，他闭塞的观念一律排斥；而且非但他不接受，他还对外面的新鲜事物极尽嘲讽之能事，他觉得那些人和事太可笑了，他觉得那些有出格想法的人简直就是疯子。

如果他周围的人和他的境遇一模一样，他也不大会有不满意。然而有一天，他突然发现他周围的邻居有了变化，他内心的平衡器登时倾斜。这时他才想起打开门，到门外去看看外面的世界，一开门才发现，多日未见的世界他已经不认识。但他却不大相信外面的改变，他觉得与其变，不如不变更安全。于是他决定守住他的自留地，安安稳稳地过日子，但他心里的倾斜不曾有一日扶正和改变。就这样日复一日，年复一年，到他老的那一天，他望着窗外的枯枝和顶棚的墙纸，从心底发出一声悔恨的哀叹。

什么叫平庸，这就叫平庸；什么叫想法决定命运，这就叫想法决定命运。从上面这个浓缩版的想法里，就能看出一个人命运的走势。他何以平庸，因为他坐井观天；他何以坐井观天，因为他不想改变想法，所以他也就没能改变命运。

回头再看圣人，圣人打从一开始就站到了树上，他从一开始就看到了整体。而且当他发现在这个村子以外隐约还有别的村子时，他对整体抱有一种深深的敬畏。他从不敢说他知道，因为他知道世界上永远有他不知道的事；他也从不敢说大话，他知道那种自我的妄言无异于自我欺骗；他知道他能做的就只有看清整体，跟随整体，在整体的指引下选好自己的位置，并在属于自己的位置上尽力发挥，以便他在有限的生命内达到无限的创造力。

接下来，也正是因着这份敬畏心，他学会了臣服。而且臣服不是他无奈的退守，那是他自觉的选择，他敬畏生命，所以他才臣服。因为他明白，整体怀抱的不只是他一个生命，还有数以万计个和他一样的生命需要整体的帮助和指点。

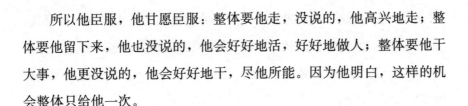

所以他臣服，他甘愿臣服：整体要他走，没说的，他高兴地走；整体要他留下来，他也没说的，他会好好地活，好好地做人；整体要他干大事，他更没说的，他会好好地干，尽他所能。因为他明白，这样的机会整体只给他一次。

这就是"满招损，谦受益"了：谦虚的人何以能自谦？他从整体而来，他知道整体的博大，懂得自己的渺小，他不能不自谦。自满的人何以会满？他禁锢于局部，以为局部就是整体，局部就成了他的哈哈镜，他自满于哈哈镜的夸张，一旦镜片破碎，他看到真实的自己，他又会自惭形秽。

然而，决心臣服也许不难，要做到自觉地臣服还真是不容易。

什么是臣服？臣服就是甘愿接受。甘愿接受什么？甘愿接受生命的真实。生命里有很多东西是真实的，但真实的东西并非美好，有很多真实的东西非但不美好，还非常地丑陋和残酷。但你要敬爱生命，你就要接受生命的全部，接受好的，也接受不好的；接受尽如人意的，也接受不尽如人意的。而且你接受的时候一定要有诚心，不能有一点假招子；不能说我表面接受，但我心里不接受；表面上我让你看不出我的破绽，但实际上我有我的主意。

如果你不理解臣服，你臣服时心有委屈，你臣服时就不会交付真诚，你的委屈就会在你的言行中有所发泄。

有这样一个例子：

一位妻子发现了丈夫的不忠，在心理医生的劝说下，她同意原谅出轨的丈夫，不跟丈夫离婚，也不再追究这件事。单看她这些举动，她是一位有责任心的妻子，她还像过去一样，每天准备好一日三餐，每天按时去接送孩子，每天把家里收拾得干干净净，但她从不跟丈夫有交流，也不跟丈夫说一句有用的话，她说的话全是没用的，"该吃饭了，该睡觉了，东西放在那儿了，我走了"等等，给人的感觉，她丈夫已经不是一个人，她丈夫现在已经成了一样东西。

而这也正是这位女士想要给他丈夫的感觉，这其实是另一种报复、另一种示威。它的潜台词是："看，看你厉害还是我厉害，看我怕你还是你怕我，看你以后还老实不老实，看你以后还敢不敢做那种伤天害理的事！"

　　这么一来，这位女士就等于是走在了错误的道路上，她用她的"冷暴力"对付她丈夫，也用这种"冷暴力"伤害了她自己。她并没有因为她的冷漠而得到快乐，她的心结还是没解开，她的伤口还在流血。

　　这不是臣服，这是不臣服。这是一种消极的努力，这种努力不是为修复关系，而是为表达仇恨，挽回面子；然而这种根植于错误之上的努力非但不会有结果，还会使关系恶化，使自己更孤立。

　　所以，一个人想改变自己，你就得学会接受。除接受以外没有别的办法，你一意孤行的努力不会有结果。因为每个人和每件事都有自己的运行规律，它的走向不以个人的意志为转移。

　　对此你不妨想一想，如果你觉得自己不好，你就得拼命去证明自己好。可是你拿什么去证明呢？你没有好啊，你有的全是不好，你怎么拿好去证明呢？除非你已经好了，你拥有了好。但话说回来，一个好人，他是不需要去证明的。好人就是好，他坚信自己的好，他的好不用别人来给他证明，这就是好人的自信。

　　而那些不好的人，有问题的人，他们整天想着的，就是怎么在别人面前证明自己是好人。结果，他越是挖空心思地去证明他自己，别人对他越是不信任，因为人家看得很清楚，他哪里是在证明呀，你分明就是在演戏。而上面那个女人的做法，就反映出她潜意识里的演戏心理。

　　所以，只有接受。臣服的意思就是接受，心甘情愿地接受，接受自己的好，也接受自己的不好；接受别人的好，也接受别人的不好；接受自然的好，也接受自然的不好；接受世界的好，也接受世界的不好。因为，所有的好是真相，所有的不好也是真相。我们一般只愿意接受好，不愿意接受不好，但如果你不接受不好，你原有的好也容易往坏里走。

遇见
觉知
的
自己

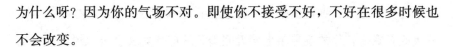

为什么呀？因为你的气场不对。即使你不接受不好，不好在很多时候也不会改变。

比如说你的孩子病了，你的亲人离去了，你的爱人不爱你了，女友答应你的事变卦了，你呈上的报告被搁置了，你参赛的资格被取消了，你出国的梦想破灭了，你提升的可能性没有了，等等。生活中有太多的变化让我们措手不及，好像我们怎么努力也追不上变化的步子。

这种时候，就需要你有臣服的心态了：一方面你要接受当下的事实；另一方面，你还要怀着接受的心态感激每一件事的存在。因为就算是坏事和失败，种种不如意也不会让你白白地经历；只要你深怀感激，感激生命，感激生活，整体一定会关注你的困难，在紧要关头助你一臂之力。

这就是潜能的力量了，也是过来人的体会：在你最孤独、最无助的时候，你会发现，你并没有自己想象的那么软弱，那么无奈。为什么？因为你学会了接受，你接受困难，接受失败，接受生活的真相，接受生命的真实，正因为这样，困难和失败才会在你心里发生蜕变，你才有能力把自己拉到那条充满阳光的道路上，对自己说："没有关系，有了这次痛苦、这个挫折，我知道，我反倒比没有痛苦和挫折之前更有数，更踏实，对自己的未来更有信心，因为经历过失败和挫折后我才明白，我缺的是什么，该从哪个方面去弥补。"

这也是很多运动员在赛场上发现的真理：人——在跌倒和爬起中成长。

大家知道，小孩子是在跌倒和爬起中成长的，正是因为他一次次地跌倒，他才终于学会了走路。同样，成年人要想在心理上走好，你也需要在跌倒和爬起中成长，因为只有跌倒才能让你知道你缺的是什么。

就像滑冰运动员，如果你姿势不对，但你又每回都侥幸没有摔倒，那就等于说你一直在用错误的姿势去滑跑，而这种错误必然会在某一次的比赛中让你失误，或彻底失落。因为如果你不摔倒，你就永远不知道你错在什么地方；你摔倒一次，你就会向正确迈进一步；你摔倒两次、三次或者更多，你才会更多地接近完美。从这个意义上可以说，人生需要的自我矫正的参数，也和运动员一样，在很大程度上是在跌倒中取得的。

明白了这些道理，我们就容易臣服了；用接受的心态去待人处世，对待生活，也就顺理成章了。因为我们终于懂得了，原来臣服和接受都不是失去，是得到，而且是真实的所得。于是，为了那份真实的所得和真实的人生，我们决定臣服，甘愿接受，以表达我们对生命的敬意。

下面看看，我们需要接受什么：

一、人是要死的，死与生有同样的庄重

因为有死亡，人生才有了精彩的理由；因为有死亡，人才有了精彩的律动。

说到臣服，我们要接受的第一件事就是死亡。如此坦率似有些"残酷"，但要知道，如果你接受了这个观点说，人是要死的，死与生有同样的庄重，你的人生一定会有质的飞跃。

有这样一个故事：

一个女孩因失恋而轻生，死前通知了上帝。上帝就把她接到天堂，让她在天堂里安享幸福。女孩一迈进天堂就惊呆了，她发现她在人间的念想在这里全实现了。每天锦衣玉食不说，还有享不尽的轻歌曼舞；最让她迷醉的还是她的恋人，只要她愿意，男孩随时都会与她厮守且奉献温柔。但很快，这种没有问题的生活就让女孩厌倦了。有一天她哭着对上帝说："上帝啊，你让我回到人间吧，现在我才明白，没有问题的生活绝对不是幸福，那才是人心的寂寥和痛苦。"

遇见 觉知的自己

就这样，女孩又回到了人间，在婆娑世界里继续着她苦乐参半的生活。

这个故事看似简单，却表述了人性的矛盾与冲突，人性趋利避害，人性也趋乐避苦；但同时人性也渴望"伟大"，渴望人心的充实与丰富。

这也是为什么智者选择人间作为人的修为地了：地狱里全是苦，修为对全苦的人无所谓出头；天堂里全是乐，修为对全乐的人也无所谓帮助。只有苦乐参半的人间才是修为的好场所，让一味享乐的人遭遇鞭打；让饱尝苦难的人苦尽甘来，离苦得乐。

于是，就像苦难对人有警醒一样，死亡对人也有了鞭策的作用。这也是下面这个故事的深意了，它让我们明白，死亡不是人的敌人，死亡才是我们贴心的朋友。

上帝开始造人时，人的生命是无限的。不久，从地球上传来消息说，拥有无限生命的人个个好吃懒做，不学无术，而且在被问及"你为什么不做好人"时，这些人还理直气壮地说："因为我是无限的呀，我还有无数个明天和明天呀！"上帝的使者把这一现状禀报上帝后，上帝非常生气，当即命令使者把所有人全部召回来，并在以后的造人程序中加进了死亡。

表面上看这只是一个寓言故事，它说明了生与死的相依与辩证：如果把生与死比作一对双生子，可以说，一个热爱生命的人，他一定会坦然地接受死亡；反过来，也只有死亡，才能加深他对生命的热爱。

对此，不管是战时的关爱，还是灾后的相拥，是死亡的痛苦，还是劫后的庆幸，都一再说明：没有死亡的分离，就没有心的珍惜；没有死亡的历练，就没有生的庄重。

这也是为什么，那么多年过去，非子始终忘不了一位获得过南丁格尔奖的护士在唐山大地震那些悲苦的日子里有过的赤诚了：

让我安慰他人，而不求他人的安慰；

让我爱护他人，而不求他人的爱护；

让我谅解他人，而不求他人的谅解；

因为在给予中，我们得到收获；

在死亡中，我们获得永生。

也因此，当弘一法师在圆寂前写下"悲欣交集"的感怀时，有谁敢说，你的人生不是悲欣交集的里程，你的心路没有苦乐参半的况味呢？

而所有这一切，都是因着死亡的参与：因为有死亡，人生才有了精彩的理由；因为有死亡，人才有了精彩的律动。于是接受死亡对我们就不是消极了；相反，接受死亡，臣服死亡，才是人对生的确认，一如对"我"的见证。

二、你爱的人、亲人和朋友随时都有可能离开你

往往，越是不美的真相，越能让你从容、淡定。为什么？因为真相就是海底。

有这样一则新闻记事：

有两个姐妹，一个 28 岁，一个 24 岁，两人都会开车，一个月前不知要去什么地方，就上了高速公路。姐姐开车开到半途后，因为肚子疼，开到路肩，想换成妹妹开。不想后面一辆大货车突然冲上来，瞬间改变了姐俩的命运：一个颈椎骨断了，成了植物人；另一个头骨和肋骨也撞碎了，醒来后，世界已经变了样子……接下来，她们的父亲因为疼爱女儿，在得知车祸的消息后，也因伤心过度当日就死去了……

不知你读了这则记事有什么感慨，非子读后，心里的百味无法言表。如果你读了这样的惨事，仍觉无关痛痒、无关宏旨，怕是你对生的敏感有所冻结；如果他人的惨事引起你的悲悯，让你觉知，说明你学习的态度没有松懈，你居安思危的意识没有麻木。

是的，这就是接受的好处，一如臣服生命，只要你用心，你会得到

遇见 觉知的自己

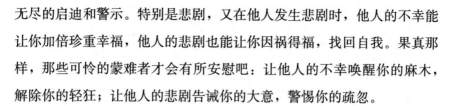

无尽的启迪和警示。特别是悲剧，又在他人发生悲剧时，他人的不幸能让你加倍珍重幸福，他人的悲剧也能让你因祸得福，找回自我。果真那样，那些可怜的蒙难者才会有所安慰吧：让他人的不幸唤醒你的麻木，解除你的轻狂；让他人的悲剧告诫你的大意，警惕你的疏忽。

的确，上述不幸对我们每一个人来说都一样，即你爱的人，随时都有可能离开你；不光父母，你的爱人和朋友也有可能有这样的变故。这一方面指身体变故，这是我们谁也奈何不了的事实，人会患病，人也会因患病而离开这世间的每一个角落。正因为人事的变故不以人的意志为转移，我们才应该接受变故，警觉变故，不让突然的变故打得我们措手不及，或遗憾终生。

另一方面，说你爱的人随时有可能离开你，是指你爱的人可能在心理上有所变故：比如，你和一个你爱他多于他爱你的人生活在一起，虽然你知道你爱他多于他爱你，一直以来你们过得也还算平静。但突然，你发现他近日疏离了你，这时你就要有所准备，不要让这样的变故扰乱了你的心性。

你应该明白，你俩的爱从一开始就不平等。只是因为你过于爱他，你一直不想承认这个差距，后来他同意娶你，完全是因为你对他太好，但因为他心里不爱你，你的好只能换来他的愧疚，不大能换来他的爱情。而他许久以来看似心无旁骛，只能说明他还没有找到他真爱的人。突然有一天他遇到了真爱，触电的感觉让他亢奋，他无法再顾及你的感受。

当然，生活中发生心理变故的人远不止这一种，从婚变到情变，从外遇到分手，也有朋友的背叛和友情的断裂。如果有你的原因，你也许不至于晕头转向；如果没有你的原因，你那时的感受才堪称凄凉和悲苦。

但有什么办法呢？这就是人生，文人叫它风轻云淡、潮起潮落。如果你从一开始就走在变化的前面，你就容易游刃有余，进退自如，且对变化的人事报以学习的心情、感激的态度。

具体到上面那位她爱他多于他爱她的女人，如果她从一开始就坐落在真相里，她就容易居安思危，用她的长处补他的短处；或者她压根儿就不让自己自欺欺人，找爱她的，不找她爱的，哪怕她开始不习惯，他的爱一定能让她启动心扉，感动心灵。

这就是接受的好处。接受什么？接受真相。而往往，越是不美的真相，越能让你从容、淡定。

为什么？

因为真相就是海底。

只有你坐落在海底，你才能"任凭风吹浪打，胜似闲庭信步"。

三、人是会变的，连同你自己

尼采说："我以后绝不会轻易说'永远不'，因为我发现，没过多久，我正在做着我'永远不'的那件事。"

在这个世界上，你要想过得好，活得快乐，很重要的前提就是你得接受变化。因为这个世界上唯一不变的一件事就是变化。就是说，在这个世界上，每个人和每件事每时每刻都在变，且人事的变化也不以你个人的意志为转移：不是你想让它变它就变，你不想让它变它就不变，而是，生命自有它的运作规律，也是人事成长的规律，人要成长，事物也要成长，所以变化就成了人事的常量和常态。

也因此，你接受变化，你就是尊重生命，尊重生命给你的一切因缘和命定；你不接受变化，你就是自欺欺人，逆风而行，那样你就会有无尽的麻烦和痛苦。

好好想想，不光别人会变，连我们自己也在变，你不觉得吗？

好好想想以前的自己，那时的你和现在的你，是不是有了很大的

遇见 觉知的自己

不同？

　　是的，人是会变的，不光别人变，连我们自己也在变。因为生活无时无刻不在变，为了顺应生活，也为了自己的选择，变化就成了自然的代名词：性格变了，想法变了，穿着变了，谈吐变了，连最基本的吃喝也变了。比如说以前的你是不喝咖啡的，现在你不喝咖啡就睡不着觉；以前的你见着蔬菜就叫草，如今你顿顿吃草不吃肉，成了一个百分百的素食主义者。

　　想想自己的变化，你就不会对别人的变化大惊小怪了；再想想时光的荏苒和距离的阻隔，你更不会因为那些变化而心生埋怨和失落。生活就是这样，你变，人家也在变；事情也是这样，不管你变或者他变，都是生活的原貌。这么一想，你原先的不平就不在了，连同你心里的怨恨也会平息，让你学会自嘲和反省。

　　一来人家的变化有可能跟你一样，都是为了顺应生活；二来他人的变化也有可能来自于你的态度。这就是说，先有了你的不慎，才有了人家的疏离和冷落。所以归根结底，对人家的变化，你就没理由埋怨了。对此你只有既来之，则安之，除感激外，还要随缘、随境。

　　接受人事的变化还有另外一个好处，即教你诚信，教你低调。以前的你总是信口开河，随便许诺，所以才造成了随意伤人；以后你不再轻易说"是"，也不再轻易说"不"，你就容易游刃有余，也给别人一份余地和思考。

　　事实也是如此，不光我们这些市井小人，连大哲学家尼采也有过相同的悔悟，尼采说："我以后绝不会轻易说'永远不'，因为我发现，没过多久，我正在做着我'永远不'的那件事。"看看，连伟人也意识到自己不能对生命有造次呢，何况我们？缺少洞见的我们，有什么资格跟生命抵触、跟生命较劲？

　　人心的脆弱由来已久，所以对人的变化，我们才有必要接受和臣服；人情的温暖来自于珍重，所以对人的变化，我们才更有必要在接受中臣服，在臣服中接受。

四、不可能所有的人都喜欢你

你越是骄傲自大，你失落的成分越加重；你越是目中无人，你未来的失落也越彻底。

在这个世界上，不可能所有的人都喜欢你，这是不可能的事；一直以来你认为所有的人都喜欢你，那只是你个人的误解或误区。

有这样一个女孩子，不管是因为长相甜甜，还是因为聪明伶俐，她从小就沐浴在他人的赞美里。爷奶父母当她是掌上明珠，朋友当她是派对中心，男友当她是超级宝贝。她从未遭受过谁的批评，要说挨批，那也多是她批别人而不是别人批她；她也从不曾有过跌份，要说跌份，比如恋爱，那也绝不是别人"飞"她而多是她"飞"别人。

这样日复一日，她终于养成了以自我为中心；这样久而久之，她自认为有了骄傲的资本。于是她对别人说："在这个世界上，所有的人都喜欢我；只要我愿意，什么样的想法，我都能梦想成真。"

然而，突然有一天，她在留学的统考中名落孙山，又在求职的面试中一败涂地。没过多久，她铁定的男友又对别人送去秋波，她最好的女友也不再对她盲目崇拜。这时她才头一回感到自信的倾斜，也是头一回尝到孤独的苦味。于是她开始一片茫然，不明白为什么喜欢她的人不再"执着"，为什么一面倒的吹捧不再甜美。

是的，在这个世界上，不可能所有的人都喜欢你。你认为人家喜欢你，那也不过是你小时候的乖巧博得的赏识：那种赏识既有玩赏又有玩味，待你长大后，游戏般的玩赏指定过时。

还有，你认为所有的人都喜欢你，也可能是你少女的自恋在从中作祟：让你表面的靓丽给你假象，让众多的崇拜者被你迷醉。一直以来你都认为，是你的魅力搅动了世界；殊不知，按照"好人吸引好人，坏人吸引坏人"的法则，是你虚荣的品性吸引了虚荣的追随。

直到有一天，一个真男人对你的表演不屑一顾，一个正直的异性对你的自恋不理不睬，那时你才会泪水滂沱，开始哭泣自己的虚空，连同自己做作和狭隘。

一个成熟女人，不管曾经的娇宠多缤纷、多绚丽，她也不该沉湎于那样的虚荣。只要你明白，所有的事物，都在朝相反的方面转化；一如看似的繁华，也都饱含了一份酸楚的况味；而且，每一份酸楚的分量，总是依繁华的总量有所提升，你越是骄傲自大，你失落的成分越加重；你越是目中无人，你未来的失落也越彻底。正好应了本书的议题：种瓜得瓜，种豆得豆，你种下什么样的想法，你就收获什么样的人生。

美国电影《心火》里有一句台词："你听着，我加给她多少痛苦，我自己将会加倍地承受。"这句话的出处没必要多解释，它恰好说明了种植与收获的辩证关系。这里，笔者不想用夸大的想象耸人听闻，只要你经过一次失落你就会懂，那种虚荣的吹捧没有一点意义和价值。如果你不愿做一个虚荣之人，你就有必要走出虚饰的繁华，让自己接受真相，臣服真相，然后用自己的心力去证明价值，以自己的实力去赢得赞美。

五、不可能每个人都和你步调一致

一个真诚的人，他对朋友就不会有苛求；一个健康的交友人，他更是多看朋友的好，即便朋友冷落了他，他想的也多是朋友的苦衷，少有自己的面子。

去年，某读者向非子倾吐心扉，谈到她与闺密的断裂，末了来一句总结性言辞：朋友之间，只要一步跟不上，先前的友谊就难以维持。

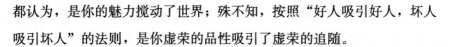

此结论听上去似乎合理，但仔细想，这样的要求就带有挑剔。茫茫人海，哪有那么多人跟你齐步走啊？即便是朋友，也未见得两人就非得步调一致。再者说，不同的人，对步调一致也有不同的解释：她认为价值观基本一致，就可以叫作步调一致；你则认为，满足你的约会时间，步调一致才货真价实。这么一来，能跟你步调一致的人怕就不多了，倒不是人家非得跟你步调不一致，就算人家挖空心思地想跟你步调一致，架不住世事多变又情境多变，说好的约会还有可能取消呢，就别说未定的聚会了。再说，谁人没有合理的应酬？哪人没有着火的急事？

要求朋友跟自己步调一致者，大都有明显的自我中心主义，在和朋友的关系中，她也总是以她为准绳，事事由她说了算。她想什么时候见你，你就得跟她见；她不想见你的时候你想见她，她就给你一句"没时间"的冷语；更有甚者，如果你突然有事没联系她，她就无端受伤害；待你再拿起电话呼她时，先前的友人似乎已不在，电流那头响着的，仿佛是一个陌生人！

这也是不少女孩有过的纠结，更是女性友谊中常有的断裂。对这种事做心理咨询似乎小题大做，但要让这些纠结不再咬人，只有改变想法，放下自己，也放下他人。

要知道，友谊与婚恋颇为相似：因亲近而敏感，因敏感而亲近。这句话说白了就是：我在乎你，因为我跟你好；我跟你好，所以我才在乎你。这原本是好事。但往往，因为你总是过于敏感，你心生的敏感非但未能加深亲近，反倒疏离了彼此，让人家有了紧张的感觉。这样一来，原本的友谊就不纯粹了，在你这一方，你步调一致的要求总让人为难；在人家这边，她大大咧咧的品性又让你难忍。

要把这种小枝节往步调一致上套，还真算得上是步调不一致，这么一来，跟较真步调者做朋友怕就难上加难了：一来，步调一致的要求本身就违背人性又违背世态；二来，如此较真者，她背后有着不可言喻的自卑情结也说不定。你想，如果她真的在意你，即使多日你未联络她，

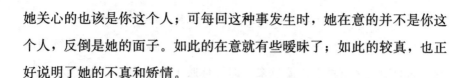

她关心的也该是你这个人；可每回这种事发生时，她在意的并不是你这个人，反倒是她的面子。如此的在意就有些暧昧了；如此的较真，也正好说明了她的不真和矫情。

　　一个真诚的人，他对朋友就不会有苛求；一个健康的交友人，他更是多看朋友的好，即便朋友冷落了他，他想的也多是朋友的苦衷，少有自己的面子。且以笔者的拙见，一份好的友谊，必得有认同做基础，你认同我，我认同你；在认同的水平上，只有包容，没有苛求；只有理解，没有挑剔。以此种水平到了该自尊的时候，他的尊严也不是表面的拿派，是心里的准则；他的面子更不在苛求别人，而是在他心里的厚道与充实。

六、没有永久的幸福，也没有永远的不幸

　　你珍惜幸福，幸福就越惜越多；你不珍惜幸福，幸福可以说转瞬即逝，连你后悔的时间都没有。

　　莫泊桑在他的名作《一生》里有一句至理名言："生活没有你想的那么好，也没有你想的那么坏。"这句话也可以理解为，在这个世界上，没有永久的幸福，也没有永远的不幸。

　　这句话的道理不难理解，也早有古训，如，乐极生悲、否极泰来等。关键不在你理不理解这句话，关键在于理解了这句话以后，接下来的你应该怎么办。

　　这就是想法与想法的质的差别，有人学习，总在话的语义上较真；有人明白了一句话，立马就立竿见影，在行动上有所改变。

　　在《渔夫和金鱼的故事》中，作者用故事做借喻，告诉我们人之欲望的膨胀和破碎：只要你有欲望，欲望就一定会无限制地膨胀；只要欲望无限制地膨胀，膨胀的欲望就必定会破碎。

这就是那句话——在这个世界上，没有永久的幸福，也没有永远的不幸——的深意了。不是说你不会永久地幸福，而是说一旦你被欲望牵制，你的幸福终将结束；反过来，即使你眼下有不幸，但你接受不幸，感激不幸，待你过往的债务还清后，你的幸福也一定会到来。

　　是的，幸福是用来珍惜的，幸福不是用来享受的；幸福跟人心一样地脆弱，因为幸福就是珍存和细软。你珍惜幸福，幸福就越惜越多；你不珍惜幸福，幸福可以说转瞬即逝，连你后悔的时间都没有。

　　事实也是如此，生活中，悔恨一族比比皆是，因不惜福而失落的悔恨者更是捶胸顿足、撕心裂肺：你没有珍惜乡间的父母，待父母走后你才知，二老带走的不仅是悲苦，还有你永远无法安宁的心；你没有珍惜贤惠的妻子，待妻子走后你才明白，一直以来鞭打你的并不是那个女人，是你对自己一生的谴责和愧疚。

　　如此的悔恨者，他怎会有幸福呢？他幸福过，他没有珍惜；他再呼唤幸福，幸福已失之交臂。但怪谁呢？生命对人只有一次，而往往，幸福对人也只有一次！

　　这就是幸福一族的秘诀了，一个幸福的人，他每天都会对自己说："这是我最后的幸福，我要珍惜它，把它当作我最后的宝贝。"如果你每天都祈祷你的幸福宝贝，祝福你的幸福宝贝，你的幸福宝贝就会越长越好看，越来越结实；反过来，你每天都肆意虐待你的宝贝，认为它是你该着的享乐、该着的福分，到那时你再看看，你的幸福宝贝早就被你折磨得不成样子了，或者它早就不是幸福了，它成了你不幸的替代品。

　　另一方面你还要觉知，不幸也不是用来抱怨的，不幸也是用来珍惜的。你珍惜不幸，不把不幸当成不幸，不幸就不在了；你再要学会拥抱不幸，享受不幸，那样的不幸早已在蜕变中发芽，成了你幸福的种子。

　　这样的不幸，跟欲望引发的不幸，简直就是天壤之别。

　　就是这样，很简单，幸福和不幸就是一念之差，它们都不在别处，不在外面，在里面，在你的心里，是你心里的想法和种子。你想要幸

遇见
觉知的自己

福，你就播撒一颗珍惜的种子，幸福很快就会开花结果；你想要不幸，你就播撒一颗欲望的种子，不久你就会成为你欲望的受害者和牺牲品。

关于这点不用非子说大家也明白，不管是现实生活还是影视作品，不管是身边的幸福还是作品里的不幸，我们听到和看到了太多的故事。可为什么，面对别人的故事，我们总是随哭随笑，又随即忘却，却很少真的见贤思齐，或引以为戒呢？

奥修说，寓言是美丽的，因为寓言隐喻了鲜活的真理。这也是为什么小孩子总是那样地喜欢寓言故事。

在生活面前，我们也应该做一个小孩子，不光阅读寓言，思考寓言，更要对照寓言，觉知寓言，做寓言故事里要我们做的人和事；不仅对现实中的幸福和不幸做祈祷，更要对心理上的幸福与不幸表示感谢。

就是觉知的觉悟。

七、你是一个正常人，也有不正常之处

你接受贪欲，贪欲就不贪了，它还能变成你自律的觉知；你接受自己的不正常，不正常就正常了，它还能成为你良知的警戒。

在《挪威的森林》里，村上春树借玲子的话道出一句非常地道的箴言：我们的正常之处，就在于我们承认自己不正常。

是的，我们都是正常人，但也有不正常之处；且我们的不正常有时还不止一两点，那种不正常，连我们自己也无法容忍。

对自己，我们有放纵也有姑息；对他人，我们有埋怨也有挑剔。对好事，我们有贪恋也有张扬；对坏事，我们有侥幸也有逃避。说到"天上掉馅儿饼"，那也不光是别人的幻想，我们也有过同样的痴狂；再说"吃小亏，占大便宜"，那也不光是别人的计谋，在我们的暗处，我们也有过相同的算计也说不定。

因为都是人，有人的高雅，也有人的低俗；因为都是世俗中的人，有人的真实，也有人的虚伪。

正因为这样，非子对那些自觉的自惭者才怀有一份深深的敬重：比如，有位学者在自省时说："其实我也是地狱的种子！"这位学者这样绝不是假谦虚，他才是真正的悟道人：认识到，自己的贪嗔必定来自于自己的"内鬼"，即拼劲抓狂的贪恋与贪痴，由此直面内鬼，接受内鬼，内鬼才会被消化，被超越。

一个人，只有当他瞥见了整体，看见了大宇宙，他才能从心底升起由衷的敬畏，对整体敬畏，让自己谦逊。这种时候，他的谦逊已不仅是谦虚了，那里有他对降世的感激，也有知足，更有他对自己的不满和对学习的急切。

换句话说，这位学者知道自己是正常人，也承认自己有"不正常"之处；然而当他们承认自己不正常，接受自己的不足时，他已经成了一个正常的健康人。

是的，健康人就是这样练成的：一个健康人，他不会掩耳盗铃，也不会欲盖弥彰；他不会文过饰非，也不会怨天尤人。他懂得，一个人，只要吃五谷杂粮，他就不可能不生病；只要有七情六欲，他就不可能不贪欲。由此承认自己有贪欲，有非分之想，有不正常之处，就没有跌份了；相反，你不承认自己有贪欲，有非分之想，有不正常之处，反倒是压抑了人性，让原本全然的人性发生了分裂。

而每一件坏事的蜕变，还就是在接受的褙节上：你接受贪欲，贪欲就不贪了，它还能变成你自律的觉知；你接受自己的不正常，不正常就正常了，它还能成为你良知的警戒。

而那句话"在这个世界上，我们每个人都是病人，同时也能成为别人的心理医生"，从人本心理学大师弗洛姆的口中说出，更是显示了人的诚挚与尊严。它以恳切的潜台词告诉我们，我们来世一遭，不光对自己，对我们周围的人也负有责任。如果我们每个人都能觉知到这样一份

遇见
觉知的自己

责任，这个世界该会有怎样的改变呢？你觉知到对自己有责任，你就会努力从一个病人变成一个健康人；你觉知到对他人有责任，你也会努力帮助他人从病人变成一个健康人。

到那时，这个世界该会有怎样的美丽？

你有想过吗？

八、天灾是自然的谴责，也是自然的惩处

地球不是我们肆意挥霍的资源，地球是我们子孙后代赖以生存的财富。

近年来，随着天灾的频频发生，我们似乎习惯了天灾的降临。但在对大自然的态度上，我们似乎仍是畏惧多于尊敬，玩赏多于爱护。

自古以来，大自然对我们来说，就是天然的供应者。我们所要的一切包括吃喝玩乐睡，无一不仰仗于自然的提供和保护，特别在生产力发展的初级阶段，人对天还有一份本能的敬重，从皇帝到臣民，从官员到村夫，祈福和谢恩不是外人的强迫，是人们发自内心的需要。

曾几何时，人的能力似乎超过了自然，人的强大似乎也改变了人对自然的依附。从社会发展角度看，这当然是好事。但如果没有了对自然的敬畏，非但没有敬畏还认为自己可以凌驾于自然之上，这种来自于人的"傲慢"，势必会造成我们与自然的割裂，也引发了自然对人的谴责与惩处。

固然，自然不会说话，自然不会像人一样用语言去倾诉和表达，但自然仍会以它特有的威慑来诉说不满，给人类惩处。对此我们若是抱怨自然，跟自然较劲，人类恐怕不是自然的对手；如果我们把自己看作是自然的一分子，明白我们的祖先来自于自然也受惠于自然，我们同样也来自于自然且受惠于自然，果真那样，我们就算有了一份觉知，知道自

己不能也不忍对自然那样地盛气凌人、肆意践踏、我行我素！

一位教授用了各种公式，得出了一棵树的价值：一棵生长 50 年的树，一年对人类的贡献高达十几万美元。其中产生的氧气价值是 3.12 万美元，防止大气污染的价值是 6.25 万美元，防止土壤侵蚀、增加肥力的价值是 3.125 万美元，涵养水分等价值是 2500 美元。

想想，仅一棵 50 年的树，就能给我们带来那么多的好处。再想想，如果把我们身处其中的自然加起来计算，有谁能计算出人类从自然中得到过多少好处吗？有人能算吗？你敢算吗？就是你算得清，你又怎能偿还，你还得起吗？你要用多少代人的劳动才能偿还自然的付出，你有想过吗？只要你这样想一次，你怎敢再去偷猎自然、绞杀自然、破坏自然？你难道一点都不明白，只要你那样做一次，你就是在偷猎你的后代，绞杀你的后代，破坏你的后代吗？那样的事，你怎敢再去做？你那样做，对得起祖宗，对得起先人，对得起整体给你的降世吗？

是的，地球不是我们肆意挥霍的资源，地球是我们子孙后代赖以生存的财富。就像是人类的起源，没有自然的奉献，不可能有人类的存活一样，不管今人多智慧、多能干，没有了自然，也不会有后人的发展与幸福。对这一浅显的道理，我们一定要铭刻在心。不但铭刻在心，还要把它当成目标。为达到目标，从现在起把爱护自然的理念落实于行动。

就是这样，对自然，我们没有别的选择，没别的路可走。除了尊重就是爱护，除了爱护就是尊重。从这个意义上说，对科学家有关自然灾害多来自于地球变迁的结论，我们聆听且接受，不做争辩，那是科学家的事。但作为一个地球人，且自然界中的一员，非子情愿相信，每一次自然灾害，不是自然的谴责，就是自然的惩处。因为人就是自然的一分子，就像家庭成员的相互依存一样，我们与自然也只有相互依存，才能相辅相成。

实际上，把自己看作是自然的一分子，这种整体文化观在中国已经盛行了几千年。它的基础正是中国传统哲学中的天人合一原理，也叫天人感应。它揭示了一种十分圆满的万物运行法则：天代表万物，人是天的一部分，人和万物是一个整体，离开了这个整体，人就没有了祥和与太平。也因此古人认为，芸芸众生的所作所为、一言一行无不影响和改变着周围的万物，反过来，自然万物的变化也无不反映了人心的好坏与善恶。

中国的古代先贤教育子孙后代，特别在自然界发生灾变的时候，要注意警惕和反省。

就是这样，你相信自然在对你谴责，你就会用心去聆听自然；你相信天灾是自然的惩处，你也会停下脚步，开始觉知和反省，从今往后，杜绝对自然的怠慢，更要杜绝自己的任性。因为自然也有情，自然也脆弱，自然更有灵性，自然也和人一样，需要他人的理解和尊重。你理解自然，自然也会聆听你；你尊重自然，更是对你自己的爱护与尊重。

想想自然怎样待我们，我们就该懂羞耻、有愧疚。中国有句话叫人杰地灵。什么是人杰？人杰就是人善、人好、人聪明。什么是地灵？地灵就是环境好、生态好、空气好，好到地灵出人杰，地灵养好人。

为感激自然的厚爱，我们接受自然，臣服自然；为子孙后代的幸福，我们敬重自然，爱护自然。

当为觉知之首。

第四章　人际觉知：观念的融合与误解

一个人观照到没有自我，他真正的自己才能独立存活；一个人观照到没有私欲，他在遭受非议和不解时，才能有"见山是山，见水是水"的从容和淡定。

在谈到"无欲则刚"时，奥修讲了一个故事。

一天，一位智者坐在一棵树下对他的门徒讲话。一个人走过来，往智者脸上吐了一口痰。智者把痰擦掉，然后问那个人："下一步是什么？你想要说什么？"那人有点困惑，他从来没有想到，在他往别人脸上吐痰时，会得到这样的反应：下一步是什么？

在他过去的生活里，他没有过这样的经验；通常当他侮辱一个人时，他们都会很生气，或者有一些激烈的反应。但智者跟那些人的反应不一样，智者既没有觉得被冒犯而生气，也没有表现出激烈的反应，他只是很实际地问下一步是什么，他没有一般人有那种固定的反应。

对这件事智者的门徒很生气，虽然他们是智者的弟子，但他们还没有完全悟道，他们头脑里还有固定的反应。智者最亲近的门徒对智者说："这太过分了，我们无法忍受，你可以遵守你的教导，但我们不能容忍他这样做，他必须得受到惩罚，否则以后每个人都可以这样做。"

智者说："你要冷静。他并没有冒犯我，他只是一个陌生人。他或许从别人那里听到了某些关于我的事，由此形成了对我的观念。他并没有对我吐痰，他是在对他的观念吐痰，因为他根本就不认识我，他怎么会对我吐痰呢？他一定是听到了某些关于我的事，由此形成了一些观念，所以他的痰刚好是吐在了他自己的观念上。"

是啊，把痰吐在自己的观念上。这一说法对很多人都很新奇，也很震惊。一个人能观照到在他人对自己的不敬时没有一点嗔恨心，而是透析到他人行为的本质，这样的理性，值得我们学习，更值得警醒。

听上去，奥修只讲了一个故事，但实际上，奥修是在借这个故事解析了人际关系的本质：表面看，人际关系充斥着世界；究其本质，人际关系在很大程度上并非真实的存在，而是观念的融合与误解。

实际生活中，毫无道理地对人吐痰或心理吐痰者不在少数。说不清是为什么，反正就是看他不顺眼，反正就是看着他别扭，也许为他的穿着，也许为他的谈吐，还可能为他的样子，更可能什么也不为，他站在那儿，你看着他，心里就是不舒服。

这种莫名其妙的排他性，恐怕每个人都有。这里不乏有傲慢的偏见，但更多的也许是防卫的出手，也即为掩饰自己的自卑，向他人发起的假装的进攻。

这也是阿德勒告诉我们的：实际上，每个人都有自卑感，这种自卑在一开始并非病态的，它反映了人类在广袤宇宙的无奈的处境，也因此，解除紧张，改变自卑从一开始就成为人类本能的冲动。但囿于各种原因，人与人之间争取优越补偿的努力从一开始就有了质的不同：有人自我封闭，以表面的进攻来争取优越；有人接受自卑，在与他人合作中改变处境。而上面所说的那些无端吐痰者和心里吐痰者，又因着他们褊狭的观念，在人际关系中多了误解他人和诋毁他人的言行。

比如，你的女同事穿着很开放，你的穿着较正统，也许她还没有跟你说话，你就认为她是个轻浮的人。其实人家原本就不轻浮，只因你对轻浮的观念局限于那样一种穿着，所以当那样穿着的女人出现在你面前时，你就给了人家轻浮的定论。

又比如，某女遭到某男的伤害，伤害过后某女发誓，这辈子再也不找男人。理由是，这个世界上的男人都不可信。这里，某女遭某男伤害

101

是事实，但她这辈子不再找男人的发誓则没有根据，是她的观念禁锢了她的思维：因为受到一个男人的伤害，从此就认为所有的男人都会伤害她，所有的男人都是坏男人。这个观念本身就是片面的，是这个女人对整体男人的误解。所以，最终伤害她的并不是这个男人，是她自己的观念；她潜意识里"这个世界上的男人都不值得信任"的观念给了她更大的伤害。

再比如，你跟一个朋友住在同一幢宿舍楼，平日低头不见抬头见的，关系还不错。突然有一天，他打老远走过来就好像没看见你一样，恍恍惚惚地就过去了。你立刻就认为，八成这个人在外面听说了你的什么事，对你有看法。其实，人家对你什么看法也没有，只不过他家里出了一点事，他一门心思地想着他家里发生的事，走在路上，不光没有看见你，他谁也没看见，他满脑子里想着的就是他家里的那件事。然而，因为你对人际关系有一个固定的观念，那个观念告诉你，一个跟你认识的人走过来，他一定会跟你打招呼。但某些时候，碍于人事的匆忙、事变的突发或当时的心情，人的表现也会违反固定观念的引导出现你始料不及的变化。这种时候，对方要送上特别的热情还好说；坏就坏在，你正要上前打招呼，他却好像没看见，让你的热情跌进了冰冷的底谷。

所以说，大多数人心里的关系并非关系，而是观念的融合与误解。即使两人关系好，也会因某个观念的不同，发生不该有的断裂。这一再说明，我们平常所说的关系并非存在的，而是观念的；并非真实的，而是融入了我们太多的主观想象。也因此，当一个人与另一人接触时，本质上，联系他们的并非他们本人，而是他们头脑中固有的观念。

这一再说明，凡是人执着的现象，都不过是人自我夸大的影像罢了。因为受到太多观念的影响，我们常常不是存在的人，是观念的人，就是说，与人打交道时，我们常被自己头脑中固有的观念所左右，因着观念的牵制而伤害或误解了他人。

这种时候，就需要人有一种观照的态度了。在客观的观照中，不但

遇见
觉知的
自己

能读出那人受制于观念的偏执，也能读出他受制于观念的苦衷；而当我们观照他人时，就等于在观照里也给了自己一份包容与淡定。

现在来看看，人际关系，需要有哪些觉知：

一、接受每一个与你不同的人

　　且不说孔子的"三人行，必有我师焉"，就是两人行，很多时候，每一个他人也能成为你的监督者和指导者。

　　这个世界上，没有两个相同的人，就像没有两片相同的树叶。因此要生活在这个世界并为这个世界所接受，你就得接受与你不同的人。往往，人很难接受与自己不同的人，不管是衣着不同、言辞不同、口气不同、举止不同，人总是对与自己不同的人有一种天然的排斥感和反感。

　　而所谓的"人以群分，物以类聚"，也有这个意思。人不可能和所有的人做朋友，但很多时候，你的工作需要你与不同的人打交道，而如果你不接受那些人，你就很难在你的世界运筹帷幄。

　　更主要的是，接受与你不同的人，不光是一种实用的技巧，它在本质上是一种看待生活的方法和态度。

　　举例来说，对自然的更迭，我们似乎很少有嗔恨。我们生活的大部分地区都经历着四季的变化，我们虽然喜欢春天，也并未因冬天的寒冷而对冬天有所冷落，因为我们接受自然了。我们知道，自然就是这样分割的，春夏秋冬，风霜雨雪，每一季变化和自然景观都是自然的展现，我们习惯了自然的展现，以至于如果身处冬天不感寒冷，还会有一种不对劲、不踏实的感觉。

　　如果你能把对自然的接受扩大到你对人的包容，你的人际天平会大大地扶正倾斜，你内心的紊乱也会趋向清明与安定。而这里所说的接受，并不是要你喜欢所有的人，但如果你懂得接受，即使你不喜欢的人，你也能接受他，且不管他怎样待你，只要你需要跟他打交道，你都会撇开感情，对他抱有完全客观、观照的态度。

其次，要你对他人接受，也不是要你不分好坏地囫囵吞枣；要你接受每一个与你不同的人，是要你对人、对事有一种达观的态度。因为接受能让你放下不必要的纷争，达观能让你在宽容别人的同时给自己一方乐土。毕竟，"水至清则无鱼，人至察则无徒"，且不说孔子的"三人行，必有我师焉"，就是两人行，很多时候，每一个他人也能成为你的监督者和指导者。

这么一想，如果你接受了每一个人，在你漫长的一生中，你该有多少老师啊；而如果你抱有相反的态度，不但你周围的人不愿意理你，你自己也越活越窄，你的生活也少了应有的色彩和快乐。

二、不要埋怨别人不理解你

当你接受时，你给人悲悯，也给自己安慰；你给人同情，也多了一份牵手。

当你埋怨别人不理解你时，要知道，不被你理解的人更多。而且，总怪别人不理解自己的人，他对别人的理解多半都很苛刻。这就是那句话："外面没有别人，只有你自己。"你怪别人不理解你，那不过是你自己的反应罢了；如果你很能理解别人，你就会发现，你也很容易得到别人的理解。

你理解风霜雨雪、雷电冰雹吗？理解。为什么？因为你接受它们了，你从很早就接受了这样一种自然现象，知道这些现象无非是大自然对人的惩处或惠顾。想想，你跟自然并不认识，你是怎么理解自然的呢？接受——对——就是接受，你接受了自然，而一旦你学会接受，理解也就随之产生了。

遇见 觉知的自己

对人也是这样，也许你不必刻意地去理解别人，但你要学会去接受别人。不管他是什么人，只要他正当地活在这个世界上，他的存在一定有他的合理性。不管你认不认识他，只要你有幸与他结缘，你就要对他抱有接受的态度。

而这里所说的接受，并不是要你不问原则地去接受他人的不好，比如他当众打架或骂人，或者他在餐馆里跟服务员大打出手。这种时候要你接受他，是要你接受他生存的合理性，而后从人家生存的合理性出发，对他人的具体作为抱有包容的态度：也许他那天被炒了鱿鱼，或者他那天跟老婆口角，也可能他的策划全面泡汤，或者他的感情全面失落。

这么一想，即使你偶遭委屈、受伤害，你也不会一味较真了。那时你就会想，挺体面一大男人如此跌份，必定有他的理由，所以放他一马并不代表我软弱，反说明我坚强；不跟他计较更不意味着我失尊，反彰显了我的骄傲。

这里需要记住的是，往往每个人的出言都有背后的缘由，每一种表面的不堪都有难言的苦楚。一如每人心里都有一处孤独的情怀，每人心底也都有一份脆弱的无助。不管多难缠的纠纷、多尴尬的处境，只有接受能让你心平气和。那是因为，当你接受时，你给人悲悯，也给自己安慰；你给人同情，也多一份牵手。

如果我们每个人对别人生存的合理性都有一种观照的态度，那么不管发生了什么事，我们就不大会因为观念的局限而与他人计较了，且从这一观照点出发，不管对人对事，也就避免了以点概面、急于下结论的错误。

三、体谅别人的苦衷

如此对照别人，反观自己，是我们应有的悲悯；宽厚对待他人，严格要求自己，是我们该有的尺度。

这个世界上，每个人都有苦衷。

你有苦衷吗？你一定有。如果你确定自己有苦衷，你就应该想到，这个世界上，每个人都有苦衷。只不过，碍于人的面子，又害怕失落，人家不愿意跟你说罢了。

然而，让你了解这个世界上每个人都有苦衷，不是让你做救世主，或是让你去解决别人的苦衷，不是那个意思。因为苦衷就是人生，我们偶然到世界上来，每个人都背负苦衷和苦痛。苦痛在很多时候可以说，比如，你这儿疼了，那儿不舒服了，你心里难过了，你可以跟亲朋好友说；苦衷却常常让我们欲言又止，又无处诉说。

苦衷之所以比苦痛更尴尬，是因为苦衷比苦痛更内敛也更深刻：比如，某男原是一位体面的 IT 精英，因为一个意外打击而一夜落魄。对于这种突然的变故，他不但不能跟家人说，就连他最好的哥们儿他也不大好开口，毕竟男人在外场上活的就是一个面子，如今不但颜面尽失，连他的生计也一路滑坡。

再比如，某教授一向被学生和同人视为学习的榜样。正当学院准备开年度表彰会时，院方接到某女的来信，信中对该教授极尽痛骂之能事，并用暧昧的语言描述了教授对她有过的非礼和不敬。此事不但让院方震惊，更让推举某教授的领导大为懊恼。其实这件事原本就是某女对教授的栽赃，因为教授丧偶后一直是单身，某女曾被介绍给教授，因教授没有相中某女，某女怀恨在心，决定以造谣惑众的办法向教授施以报复。

上面这两个例子虽有极端，但生活中类似的尴尬时有发生，如果你能设身处地，你一定能体会当事者的苦衷。特别是男人，又在他名利双收时，往往一面倒的舆论让他难以蒙羞，是非不明的暧昧让他无法为自己辩驳。

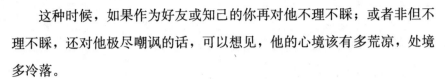

这种时候，如果作为好友或知己的你再对他不理不睬；或者非但不理不睬，还对他极尽嘲讽的话，可以想见，他的心境该有多荒凉，处境多冷落。

当然，你可以说，他之所以落得今日的背气，肯定有他的问题和短处。但如果能体谅他人的苦衷你就会懂，长长的人生路，每个人都有可能遭逢意外，每个人怕也很难逃离情感的纠葛。如此对照别人，反观自己，是我们该有的悲悯；宽厚对待他人，严格要求自己，是我们应有的尺度。

还有一种苦衷就更多了，说过的事做不到了，有过的承诺无法兑现了，等等。这种褙节上，如果被承诺的人宽宏大量还好说；坏就坏在，如果你是个较真的人，那边的苦衷就更难受；如果他原本就忽悠你，那也好说；如果许愿的人一向认真，而事情的变化完全出乎他的意料，这时就需要被承诺者设身处地，将心比心，记人家的好，对那件事抱着尽人事、顺天意的态度。

最普遍的苦衷，恐怕要算是公共关系中的蛮横和无理了：你去买东西，也没说什么，售货员就给你吊下一副脸；你去乘公交车，只对旁边的人说了一句"让一让，我下车"，那人就跟你耍态度。遇到这种事，多数人总是不依不饶，想讨个说法。但实际上，这种擦肩而过的公共关系，实在没有较真的必要。想想，若让你一天到晚地站柜台，你能 24 小时笑脸相迎吗？至于车上那个耍态度的人，也一定是遇上了特窝心的事，才会对一个陌生人如此地不礼貌。这么一想，心里的怒火就平息了，而一旦你习惯了体谅他人，面对繁杂的人际关系，你就多了快乐，少了烦恼。

要你体谅他人的苦衷还在于，我们为人应该厚道。因为，对人来说，厚道不光是品德，厚道应是我们自觉培养的善根和善土。为此我们该时刻提醒自己站在阳光的磁场，对人宽厚，让自己安心；为人祈福，让自己快乐。

四、对别人的承诺：宏观有信念，微观不惦记

这么做的好处，事成了，你感激；事没成，你也感激。长此以往，你就步入了一个习惯性的感激场，让你滋养心灵，从中喜乐。

与人相处还有一个法宝，特指对别人的承诺，叫宏观有信念，微观不惦记。有了这个思路，你就做到了拿起放下，对人也不至于有嗔恨，还收获了一份感激之情。

生活中有太多不尽如人意的事，比如，答应你的合作没有落实，答应来看你的人没有到，承诺给你的电话没有打，说好给你的礼物也没有给，等等。人与人之间有太多的许愿、好话、美言、承诺，每件事要都落实了，那当然好；即便没有落实，也未见得是坏事。要知道，世间的好坏事多半不在事情本身，而在人的想法：你觉得它是好事，它就一定是好事；你觉得它是坏事，它怕就很难有好结果。

这也是当下流行的秘密——吸引力法则了：你想什么，就有什么；你想什么，就来什么。但这并不等于说，知道了这个法则，你就可以整天在家做白日梦了，想着汽车、洋房，想着天上掉馅儿饼。世界上怕是也没有这样的法则，因为这不是吸引力法则，这样想就成了偷盗法则。你总想要，向世界要，向生活要，向他人要，而每一次执着的要，怕是都会落空，因为你没有劳动，也没有呼应。

吸引力法则是一种呼应和回应，你想要什么，你就得先呼应，对方才能有回应；如果你不呼应，人家就不可能有回应。具体到你想要的东西抑或人和事，你该怎么呼应呢？那就是，说出你想要的，再培植你想要的愿力和气场，同时还要警告自己，一定要在宏观上有信念，微观上不惦记。

就是说，总体上，你一定要相信你托付的人和事，但在具体落实

上，你又得接受变化，有一个达观的态度。因为时间在变，事态在变，环境在变，心情在变，身体也在变，诸多的可变因素影响着原先的承诺。你要能接受变化，观照整体，就能对美言和承诺举重若轻，体谅人家的难处。

因为从本质上说，一件事的成败或承诺的兑现，并不在当事者本人，而在整体的态度。整体要他给你，他就给你；整体要你得到，你就得到。这么一想，你就没有焦虑了，反正有整体给你把脉呢，你不用太嘀咕。

这么做的好处，事成了，你感激；事没成，你也感激。长此以往，你就步入了一个习惯性的感激场，让你滋养心灵，从中喜乐。

五、别把别人的坏话太当真

没有沟通，再高雅的礼貌，人也会生分；有沟通的人，再难听的话，人也不会计较。

人际交往中，别把别人的坏话太当真，也是我们该有的警醒。很多时候，特别是夫妻或朋友，正因为两人较亲密，说话时才少了顾忌和琢磨，由此做下伤人伤己的事，这在生活中也是常有的失误。

也因此，这里所说的坏话，就不见得是真坏话了：有时是无意的失言，有时是失控的冲动，也有让人不中听的埋怨，但究其动机，大都没有恶意的，反倒"坏话"的背后，是他对你的依赖和在乎。

只不过，他心里可能对你有不满；或者她委屈多日，对你有牢骚，但一直以来，他（她）碍于你的威严或面子不好直言，只好撒下两句不中听的话，这种"任性"，我们每个人恐怕都有过。

而且人在不高兴的时候多会有情绪，随性说出的"坏话"，并没有多少理性的基础。这么一想，对人家偶尔的"出言不逊"，你就没必要较真了，想想自己，我们在情绪失控时不也会言辞"走火"吗？

要保证每时每刻都出言恭敬当然是好事，但人毕竟是人，人不是机器，不可能像机器那样精确分秒。这就需要当事人及时沟通了。这也是人际交往的法宝：人其实没有太大的好与坏，只有沟通的多与少。没有沟通，再高雅的礼貌，人也会生分；有沟通的人，再难听的话，也不会计较。

当然，如果两人都没有沟通的意向，或者只是一方有意向，一方没意向，那也只能是缘分尽了。对这种现状，你就更没必要上心了，往往，缘分的散尽并非缘分的失落，那只能说明在本质上，你俩就不是一种人。这么一想，你还难受吗？这时你就不妨对自己说，我俩压根儿就不认识，长久以来联系我们的，不过是某种观念罢了，现如今观念破裂，我只好随缘、随境。

六、说过的做，做过的不说

被许诺的人不要一味地惦记许诺，给出许诺的人，最好是说出口的话要尽量去做。

不管是圣哲还是先人，都在告诫我们，不要轻易许诺。因为一般人都对许诺在意，如果你许下的承诺你没有做到，到时候，即使人家没怪你，你心里也难免会别扭。

也因此，说过的做，做过的不说，就该是我们的准则了。就是说，通常，我们给出的承诺，要尽量去做；至于做过的事呢，最好不要去说。

不少人喜欢给承诺，但又不去落实承诺，这种事一次人家还好谅解，但次数多了，人家就会感觉被忽悠。因为，不见得每个人都对承诺有期待，但一般人都会对承诺有幻想。而且往人情上说，人对承诺有幻

遇见
觉知的
自己

110

想，刚好证明了人家对你的信任，人家信你，才会对你有幻想呢，这不是坏事；但如果你不把人家的信任当成一回事，这种事多了，就难免会伤害人家的感情。

也因此，这种事的规则最好是，被许诺的人不要一味地惦记许诺，给出许诺的人，最好是说过的话要尽量去做。一来不辜负人家的信任，二来也是对自己的交代和负责。

其次更该注意的是，做过的事最好不说，特别在你做了好事以后，更不要到处去说、去显摆。因为原本你做好事是你自然的表露，如果你说出来，或者你在别人面前来回地说，就会破坏自然的美好，给人的感觉，似乎你是在跟人家炫耀公德。

有这样一个故事：

一个洋大款，自称是上帝的信徒，打从追随上帝的那天起就开始做好事。他接济穷人，帮老扶幼，兴建医院，资助学校；与此同时，他又建起了许多的功德牌，以宣扬他的业绩和美德，说是为给大家树榜样，让天下人学习他的善举。

洋大款过世后，他的灵魂直奔天堂。可在天堂门口，上帝竟然堵住了他的去路。洋大款愤愤不平，厉声问道："我在人间做了那么多好事，我花出去的钱买也买回一座天堂了，为什么不让我进？"

上帝说："如果天下做好事的人都像你这个样子，那天下就没有真正的好事了。你那不是在做好事，你是在打着好事的幌子，为你自己添光彩、捞资本。那不是你在做好事，那是你自私的自我在做好事。也许你做过的好事帮助了一些人这没错，但你张扬好事的公德心也毁了你的好事，染指了你的好心，伤害受惠人的感情。你想啊，如果你每做一件好事，都得让被帮的人知道你是在帮助别人，人家会怎么想啊？人家会觉得，你是在可怜别人，施舍别人，这种不平等的好事，人家怎么受得起？如果你真的是在做好事，你又怎么会安心？所以我说，你没有做好事，你做的事是坏事，你这样做好事还不如不做。所以你还得到地狱里

111

去反省。”

听了上帝的话，洋大款也感觉自己的做法有所不妥，于是惭愧地低下头来。

是啊。很多人都想做好事，很多人也都有帮助他人的善心。但帮人是要有真诚的，如果你帮人是为了捞取资本或赢取更大的实惠，这样的好事就有悖良心；反过来，如果你做好事就是出于善心，不图回报，甚至就算遭到非议也一笑了之，不予计较，那样的好事才是真的善良之举。

就像白隐禅师，白隐禅师的故事很多人都知道。

一个女孩因交友不慎未婚先孕，怕家人反对和外人非议，只好把孩子送给白隐禅师，说：“你们出家人善良，望能在这生死关头助我一臂之力。”

白隐禅师听完女孩的哭诉后只说了三个字：“噢，是吗？”就没再说话，收留了这个小生命。过了一年，待女孩回过味来再想要回自己的孩子时，白隐禅师又说了那三个字：“噢，是吗？”就把孩子还给了女孩。

事情就这样结束了。

就是这样，这就是好事，这就是做好事，好事是应该这样做的：诚心的、默默的、没有算计不要回报的、没有解释不用表白的。因为好事对一个做好事的人来说原本就算不上好事，那不过是我们人性中的正能量，是人的本分。

而古人所说的将心比心，推己及人，即使在做好事的时候也该成为我们的警醒。也就是说，就算你做的是好事，就算你是在帮别人，你也得顾及人家的感情，不是你想帮就帮，你想怎么帮就怎么帮，完全以你的感受为主导，完全不顾及人家的感受和面子。

特别对那些喜欢显摆的人，本来你做的是好事，被你帮的人在心里对你也是一片感激之情，可你老是来回地说，不但人家不舒服，反倒背上了对你的愧疚。而如果人家对你只是还人情，没友情的话，那种感觉

遇见
觉知的自己

恐怕你也不好受。

当然，对每一个受惠于他人的人来说，绝不应该做此想。不管帮你的人如何外露，彰显公德，你都要给予理解，并抱有感激的态度。因为，人家不是该着帮你的，人家帮你，是因为人家厚道，人家好；对人家的帮助你只有感激的分儿，没有说道的理由。也因此，面对帮人的表功，你不妨这样想：他跟我好，才在我面前口无遮拦呢，我只有感激他，感激他一生，并深深地为他祝福。

七、永远怀有一颗不忍心

你原谅别人时，你就等于提醒了自己的良心，告诫自己，就是为了自己的安宁，自己也一定不那样做人，不那样做事。

不管对什么样的人，我们都该怀有一颗不忍心。

这也是修身者的境界，修身者把对忍辱的态度分成三个层面：第一个是不理；第二个是不受；第三个是不忍。

不理好理解：有人对你不敬了，你觉得这个人很差劲，从此不理他了，这就是不理。

不受也不难理解：有人对你不敬了，你觉得这个人很差劲，从此不理他了；非但不理他，还不让他的不敬影响自己的情绪和感情。这就是不受，它比不理又进了一步。

第三种就是不忍了：有人对你不敬了，你觉得这个人很差劲，从此不理他了；非但不理他，还不让他的不敬影响自己的情绪和感情；非但不让他人的不敬影响自己的情绪和感情，还对伤人的人生出一种不忍心，疼他，为他难受，替他不忍。

难受他什么呢？难受他这样地迷失，跟自己较劲。不忍什么呢？不忍他这样地我执、不义、狭隘。

不忍是一种给予，也是一种祝福，它的潜台词是：尽管你这样待我，我仍然理解你，疼你，爱你，就像爱我周围的每一个人、事、物。因为我也是人，和你一样，知道你在那种境遇下的不易和苦衷；知道那不是你的有意，那只是你一时的发泄；当你恢复理智后，不用别人说，你对自己的言行也会有所反省，有所检讨。还有就是，你这样待我，也可能是我以前的不慎伤害了你，果真那样，你这样待我，就是我的报应了，所以对你的不敬，我理应接受。最后要说的是，谢谢你对我的"高标准、严要求"。你这样待我，我不这样待你。我知道，只有这样做，才符合整体的理念，也符合道的原则，这样的试炼，我愿意接受。

有这样一个故事：

一位禅师搭船过河。船正要离岸，有位将军在岸边大喊："等一下，船夫，载我过去！"全船的人都说："船已开行，不可回头。"船夫也回道："请等下一班吧！"这时，禅师却说了一句："船家，船未离岸多远，给他方便，回头载他吧！"船夫看说话的是一位出家人，这才把船开回去，让那位将军上了船。

将军上船后，刚好就站在禅师的身边。他一看没座位了，拿起鞭子就打了禅师的头，嘴里还骂道："走开点，把座位让给我！"禅师一面捂住头上的血一面起身，一言不发地把座位让给了将军。船上的人又气又怕，只好窃窃私语，说禅师要船载他，他还打人，纷纷为禅师鸣不平。

船到对岸，禅师随大家下了船，默默地走到水边把脸上的血洗掉。将军这时才感觉愧疚，赶忙上前忏悔道："禅师，对不起！"说着就跪在了禅师的面前，禅师却一面扶起将军一面心平气和地说："不要紧，出门在外的人，总是心情不大好。"

看，这就是不忍，不忍就是这么平实、简单，却在平实和简单中饱含了一个人沉到人性底部的和善与宽厚；没有说教，没有表白，做着一个人该做的，说着该说的，字字打在人心处，让人温暖，令人回首。

而不忍的好处远不在你原谅了个把人，而是你原谅别人时，你就等

遇见
觉知的自己

于提醒了自己的良心，告诫自己，就是为了自己的安宁，自己也一定不那样做人，不那样做事。

八、永远想别人的好

别人待你好，是因为别人有善心，有慈悲，有度量，别人没有义务待你好。别人待你好，那是你捡来的福分，但这种福分仍然有限，并非多多。

不管到什么时候，我们都要想别人的好，这应该是每一个人铭记在心的原则。

前面讲过，你的降世是偶然的，没有必然性，这个位置不见得就属于你，之所以属于了你，那是多种因缘的结果，对那些因缘你只有珍惜，不可一味地享受。

同样，别人待你好，是因为别人有善心，有慈悲，有度量，别人没有义务待你好。别人待你好，那是你捡来的福分，但这种福分仍然有限，并非多多。对此如果你不珍惜，一味地享受，你觉得人家应该待你好，一旦你有了"应该症"，福分就会消失或错过。

其次，永远想别人的好，还应更多地用在你与别人有矛盾、有冲突的时候。比如，人家就是嫉妒你，人家就是想陷害你。这时你有两个选择：一是你以怨报怨，那样所有的事只会更糟糕，一旦你走进了抱怨场，抱怨就会变成一种恶性循环，而后根据恶性的吸引力法则，你的嗔恨越发强烈，你的快乐也越发减少。还有一种选择就是以德报怨，用你的美德去报答人家的怨恨，而后你会发现，所有的抱怨都会在你的美德中发生蜕变，变成提升你的智慧和幽默。

是的，自我修为的大智慧和大幽默是在别人的打磨中练就的，人家嗔恨你，刚好从另一个方面证明了你的有为；人家嫉妒你，也从另一个

115

角度证明了你的能干。人家都这样承认你的有为和能干了，你还要报复人家吗？那不等于否认了你的有为和能干了吗，那不等于降低了你的人格了吗？

所以你没有选择，只有以德报怨，永远想别人的好，记别人的好。因为，一个人真正的成长不是在花园里，而是在旷野中，有旷野的风暴和雷鸣，你的心灵才能时时地被洗涤、被警醒。

要你想别人的好，还有一层意思，多半是对女人的忠告：在你和爱人的相处过程中，一定要养成想好的习惯，不要总是瞎猜疑、乱嘀咕。因为猜疑会引来猜疑的后患，想好会带来想好的结果。你想要好结果，你还就得往好里想。原本人家没有不忠于你，你总是乱嘀咕，言行上就会有猜疑的表露；你要想爱人的好呢，你在言行上就会表现出信任和大度。你信任爱人，他就不能不往好里做了，那就等于说，你用你的信任把他变成了一个好人。这么一想，你何乐而不为呢？

九、勇于认错，是对别人的尊重，也是对自己的交代

承认错误，你尊的是他人，爱的是自己；你不认错，尊的是虚荣，爱的是错误。

对大多数成年人来说，认错是一件有难度的事；即便是一个小孩子，叫他承认错误也不大容易。也因此，"勇于自我批评"就被视为美德了。因为，就像夫妻之间，矛盾和冲突更能彰显人格一样，自我批评，也比表扬别人更能检验一个人的深层品格。

有人不屑于承认错误，即使他明白自己有错误，要他跟别人认错，那也无异于跟外人低头，对他来说那也是无法接受的跌份，所以每到这个褙节，他宁愿以沉默表达，以暧昧应对。就是说，他不想完全跟对方辦，但也不想因为认错让自己丢面子。于是他采取了一种以守为攻的态

遇见
觉知的自己

度：如果对方接受了他的沉默呢，他正好就坡下驴；如果对方硬是叫板呢，那他就从愧疚人变成了受害者。这样一来，就不是他欠别人而是别人欠他了。占了这个主权动，他还可以一如既往，或者弹新曲，走老路。

实际上，认不认错并不在事情本身，本质上，它代表了一个人对人的想法和态度。有自卑的人，他多半都不愿意道歉，更不想认错；有自信的人，道歉和认错对他来说就不是跌份了，那是他对人的尊重，也是对自己的交代和负责。

做人就要对自己有交代，对自己负责，但即使一个人意识到他做事应该对自己有交代，对自己负责，也不意味着他从此就不犯错误。因为多数需要认错的错误，往往都是无意识的言行，就像吃五谷杂粮的人会得病一样，人要做事，怕也免不了犯错误，而且这类错误的发生，在多数情况下也不以谁的个人意志为转移。

电视剧《中国远征军》里就有这样一场戏：

新38军的李连长一直以来就看不起韩绍功，以至于在很多问题上都跟韩较劲。直到于邦战役前，李连长因跟错了指挥险些丧命，最后还是韩绍功力挽狂澜，使中国驻印军取得了于邦战役的胜利，也挽救了一连官兵的性命。

清点战利品的时候，本连战士杨文送给李连长一把日本军刀。李连长立刻想到了韩绍功，想拜托杨文把军刀替他给团长送去。杨文知道连长跟团长的过节，就劝连长自己把军刀给团长送去。李连长说："我哪有脸跟他显摆呀！"杨文理解地说："是啊，承认打败仗是不容易，而且是在他面前承认。"

但李连长很快就走出了心理藩篱，坦率地接受了杨文的建议说："那我就去试试，我就不信我老李就没有这个勇气。"

当晚，当李连长在韩绍功面前说出"团长，我老李过去狂得没边，挺浑的，你担待"时，一个新的李连长诞生了，从那天起，李连长就成了韩团长的好兄弟、好助手。

从李连长的错误可以看出，错误本身不过是一个导火索，根底上，是一个人习惯性的想法和态度。具体到李连长，因为他一直是孙立人的部下，又是新38军的王牌，认为自己牌大气粗，一直没把韩绍功放在眼里，久而久之铸成的大错，说到底，就是他一味狂妄的恶果。

所以，如果你在想法上有问题，态度上有不正，即使你有错不认错，就算人家原谅了你的错误，如果你不从根底上跟自己较劲，"解决"自己，你还带着错误的病根，那么继续犯错误对你来说，就是早晚的事。到那时，怕就不光是错误了，一旦你病入膏肓，保不齐哪天连小命都得搭进去也说不定。

的确，承认错误是不好受，那也是对认错不真诚的人；一个真诚的人，承认错误就像倒垃圾，把心里的垃圾倒掉了，那对他是莫大的庆幸。有谁愿意每天活着还背着各种垃圾吗？所以，主动清理垃圾，及时倒垃圾，就成了一个正确的人该有的觉悟。

那是因为，承认错误，你尊的是他人，爱的是自己；你不认错，尊的是虚荣，爱的是错误。

十、绝不背后说人

说人好的好处不仅仅在于你种下了善缘，更在于，处在一个阳光的磁场，你心地坦荡，无私无畏。

俗话说，谁人背后不说人，谁人不被人后说。

说人的习惯由来已久，有时是无心，有时是有意；多数是无心，少数是有意。但不管有心还是无意，说人的恶果不容忽视。

往往，你在人后说人时，说人的是非就像小蚊虫，在原本无事的人际关系中咬开了一个小缝隙：听者要是无心，说人的是非也就散了，伤

118

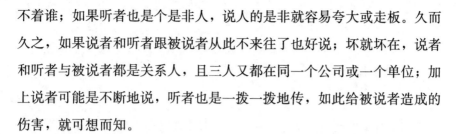

不着谁；如果听者也是个是非人，说人的是非就容易夸大或走板。久而久之，如果说者和听者跟被说者从此不来往了也好说；坏就坏在，说者和听者与被说者都是关系人，且三人又都在同一个公司或一个单位；加上说者可能是不断地说，听者也是一拨一拨地传，如此给被说者造成的伤害，就可想而知。

当然，有可能这个被说者就是该被人说，或者他原本也是个说人是非的人，而这回的伤害对他来说与其说是伤害，不如说是报应更准确；即使这样，被说者的"报应"是他该着的下场，如果说者和听者能够意识到这样地"以错对错"并非正确，且以不正确对付不正确，自己也等于是种恶因、造恶业的话，这些人就该对自己的言行有所反省。

这是因为，说人的害处还不在于你伤害了别人，而是，如果你养成背后说人的习惯，就等于你为别人提供了说你的理由，甚至给别人树立了一个说人的样板。你想啊，你这样肆无忌惮地背后说人，保不齐就会有人也背后说你；或者你说人时再有一个恨你的听者，那样一来，没准哪天你落得与被你说者同样的下场也说不定。这可就应了那句话：善有善报，恶有恶报。好好想想说人的恶果，就算为了自己的名节，我们也该对自己的任性有所收敛。

其次，背后说人最大的害处还在于，这样一来，你就进入了一个错误的磁场，在这个错误场里，你说人的错误还不光是害人害己，且你害人害己的错误还会轮转或翻倍，这就是那句话，冤冤相报何时了。与其让自己如此背气，何不让自己在一个正确的磁场里与人共事呢？为此给自己定下一个"绝不背后说人，非要说时，只能说好"的规矩，不但你自己清白，也给别人抬气。

这样做也许开始你还不习惯，只要做一次你就会发现，说人好的好处不仅仅在于你种下了善缘，更在于，处在一个阳光的磁场，你心地坦荡，无私无畏。这样一来，所谓复杂的人际关系在你眼里就不复杂了，永远想人家的好，永远说人家的好，那还有什么复杂的。到那时，即使有个把人想加害于你，面对你的善意，他也没了害你的心思。

十一、勇于做一个"一文不值"的人

把自己看得一事无成，一钱不值，就等于在心里给自己安放了一个警钟，不但能让你不自满，长进步，还能让你在有所成就时仍把自己放在最低点，摆在平常处。

弗洛伊德说，人主要的行为动机就两个：一个是性冲动，一个是"渴望伟大"。

没错，每个人都"渴望伟大"，每个人都希望得到别人的重视，每个人都希望自己在别人眼里是一根葱，每个人都期盼得到别人的重用。

但事实并不是那么回事，事实是，不可能每个人都是葱，更不可能每个人都得到别人的重用。也许你在某个阶段还很重要，受人重视，但也就仅限于那个阶段，一旦时过境迁，你的身价就一路下跌，你的重要性也日益减半，甚至由于新人辈出，你在那个圈子里也不再是名人，连同你的名字也不再叫响。

然而，这很正常呀，不管是能人还是伟人，都是青出于蓝而胜于蓝，长江后浪推前浪。再能干的人，他也不可能一辈子独占鳌头；再伟大的天才，他怕是也有江郎才尽的时候。如果你事事都想得第一，正好说明你的虚空和自卑；你要处处都想拔头筹，更可能你的自信不可靠。

弘一法师堪称一代佛学大师，他自幼聪慧，才思敏捷，在多种艺术领域都颇有造诣；踏入佛门后更是坚持习劳、惜福、守戒、自尊，以自己的身教感染了无数人。用学者赵大民先生的话说："他多才多艺，和蔼慈悲，克己谦恭，庄严肃穆，整洁宁静。"用画家丰子恺的话说："他是我见到的活得非常像人的一个人。"

但就是这样一位大师，一位天才，他在晚年却给自己起了个名字叫

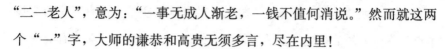

"二一老人"，意为："一事无成人渐老，一钱不值何消说。"然而就这两个"一"字，大师的谦恭和高贵无须多言，尽在内里！

是的，一个有内涵的人是不消说的，不用他多说，不用他来回地表白、来回地展示，因为内涵就是有，不是没有；就算他一字不说也是有，就算他不在这个世界上了也还是有。因为真正的有是和整体在一起的，那是整体赋予他的有，不是他非要自信他才有，是因为他有，他才自信。

而且他有的是什么呢？凡人认为他有才华、有人品；他可不那么认为，他认为自己什么都没有，既没有才华也谈不上人品。那些被世人认作才华和人品的东西在他看来只不过是他该做的事，他应该那样做，他应该那样做人，不然他就愧对整体给他的降世，不配享有人的名字。然面对宇宙和整体，他从来就没有狂妄，也不敢造次，因为他知道宇宙的广、整体的大，在那么广大的事物面前，不管你是多能干的人，也不管你干过多少事，要和广大比，你永远都是一事无成，一钱不值。

把自己看得一事无成，一钱不值，就等于在心里给自己安放了一个警钟，不但能让你不自满，长进步，还能让你在有所成就时仍把自己放在最低点，摆在平常处。

事实也是如此，有谁能一辈子荣耀和风光呢？就是再伟大、再不同凡响的人，他不也有谢幕的那一天吗？与其那一天到来时深感失落，不如从现在起就把自己摆在失落处，如此面对失落、接受失落，失落就不失落了。不管是一事无成，还是一钱不值，就算有一天你遭到他人的嘲讽，你也不会绝望和萎缩，因为你知道，心里的你早已用自我嘲讽奠定了你对他人嘲讽的抗受力，所以即使你眼下处在黑夜，你也坚信，你一定会迎来属于你自己的黎明。

这就是弘一法师所谓"二一老人"的潜台词，这就是"一事无成"和"一钱不值"的高贵和价值。一个敢承认自己一事无成的人，他是一个老实人；一个肯承认自己一钱不值的人，他是一个有进取的人。而老实和进取，就该是每一位像人一样的人的基本品质了。没有了这两个基本点，你做人的品德就有虚荣，你做人的方式也有虚伪，而所有的虚荣和虚伪都不过是表面的繁华，一如海市蜃楼，过眼云烟。

十二、学会观照

一个人观照到没有自我，他真正的自己才能独立存活；一个人观照到没有私欲，他在遭受非议和不解时，才能有"见山是山，见水是水"的淡定。

在人际关系中学会观照，是一个新观念。平常我们总说，对人要设身处地，将心比心；与人相处要体谅他人，吃亏是福。这些话从道理上来说并没有不对，但要在生活中把这些道理落实到实处，还真需要人有一种观照自己、观照他人的态度。

在人际关系中学会观照，且又是观照自己，还观照他人，那不成了置身事外了吗？

先不讲大道理，先给你讲一个故事。

清代名臣谢济世的名字可能你觉得陌生，但听了他的故事，你会对何为观照有所感悟。

谢济世的经历不可谓不坎坷：他一生四次被诬告，三次入狱，两次被罢官，一次充军，一次刑场陪斩。雍正四年（1726年），谢济世任浙江道监察御史。上任不到十天，就上书弹劾河南巡抚田文镜营私负国，贪虐不法，并列举田文镜十大罪状。因田文镜深得雍正的宠信和倚重，谢济世的弹劾引起了雍正的不快，但谢济世不看皇帝的脸色，仍坚持弹劾。

雍正认定谢济世是"听人指使，颠倒是非，扰乱国政，为国法所不容"，免去谢济世的官职，下令会审。严刑拷打下，虽没有拿到证据，

遇见觉知的自己

仍以"要结朋党"的罪名拟定斩首，后改为削官并发配到边陲阿尔泰。

经过长途跋涉，谢济世与一同流放的另两位读书人终于到达了边陲的振武营，正准备着去拜见本营的大将军。有人告诉他们，戍卒见将军，要一跪三叩首。两位同伴听了很是凄凉，认为自己一个读书人还要向外人行下跪礼，很没面子。谢济世倒是不以为然，没有把给外人磕头当作一回事。他对两个同伴说："这是戍卒见将军，又不是我见将军。"

等见到将军，将军对这几个读书人很是敬重，免去了大礼，还尊他们为先生，又是赏茶，又是赐坐。出来的时候，两位同伴很是高兴，脸上露出得意的神情，谢济世反一脸平静，说："这是将军对待被罢免的官员，又不是将军对我，没什么好高兴的。"

两个同伴问谢济世："那么，你是谁呀？"谢济世回答说："我自有我在。"两个同伴听了谢济世的话仍是一头雾水，但在心里还是对这位正直的清官生出一份厚实的敬重。

是啊，我自有我在。这是怎样的信念和自尊，又是怎样地超脱与平和。这样一句话，若不是观照了自己，一个背负冤屈的流放者，怕难有如此的自信和淡定。

实际上，我们平常所说的超然物外，宠辱不惊，无不生成在一个人待人待己的观照中。因为观照，他接受自己的平凡；因为观照，他接受自己的无能；因为观照，他接受自己的多余；因为观照，他接受自己的无用。而在本质上，我们其实都是一个平凡的人，也都有无能、多余、无用的时候。只不过，不管为掩饰自卑，还是为显得重要，我们常常违背自己的真实，把自己架空在一种虚饰的繁华中，为众人的喝彩不惜牺牲本真，为表面的富丽不惜丢掉淳朴。这样的一种不真在你顺利时倒不失为一份精彩；然一旦繁华褪色，虚荣落幕，曾经的名人，往往很难承受陡然的虚空，以往的精英，也很难忍受孤独的寂寞。

善于观照的人，看似置身事外，正因为他对"事内"的走向明晰在心，对人事的变化不存侥幸，一旦他选择了自己的路，他便很容易对自己的选择一目了然，包括选择的过程和结果他都会全盘接受。而当他把接受当成自己的生活方式，而不仅是生存技巧时，他的态度就不一样了：他没有无奈，只有欣然；没有委屈，只有感激；没有嗔恨，只有庆幸。他庆幸在这仅有的降世做了他自己，他感激整体给他力量和直觉，让他做了今生无悔的选择。

实际上，观照就是一种接受，只有当一个人对他人的接受达到观照时，他对他人才有可能全然地接受，且不管那人待他是好还是坏，也不管那人是否有真诚，他人的态度对他并不重要。他对他人没有要求，他唯一的要求就是对自己。他要求自己待人真诚，他要求自己对人接受，即使他人不接受他的真诚他也无所谓，他知道他种下了真诚的种子，他知道他奉献了心里的真诚，那就够了，至于他人的看法和他人的态度，他相信那是整体的事，整体会对那人有所告诫，有所嘱咐；他还相信，整体做的每一件事都有他自己的道理和准则。

这恐怕就是"无我"的境界了。一个人观照到没有自我，他真正的自己才能独立存活；一个人观照到没有私欲，他在遭受非议和不解时，才能有"见山是山，见水是水"的淡定。

进而他看世界哪儿都好，他看哪个人都是好人；他帮人时，感觉不到他在帮人，只有帮人的举动；他待人好时，也感觉不到自己在对人好，那是他该有的态度。

因为他懂得，所有的人和事，在他仅有的一生中都是一期一会；他更明白，人生没有永久的幸福，人生也没有永远的不幸。而当他在所谓的不幸中瞥见涅槃时，他对不幸的感激甚至胜过了他有过的每一次幸运和幸福。由此他幸福的观念就整体了，原来幸福并不是没有痛苦；相反，饱含苦痛的幸福，才堪称属灵的喜乐。

遇见
觉知的自己

第五章 自省觉知：寂寞出伟大，简单出智慧

自省的内核就是丢掉自己，丢掉自己的欲望、私心、虚荣和假面子。要求自己坦荡、不晃荡；聪明、不狡诈；智慧、不计谋；真诚、不纠结。

年初阅读一篇叫《镜子》的小文，震撼了笔者的心。虽说那时已接近春节，仍无法抹去心里的沉重。故呈上全文，与您共勉：

有两件事，我认为可以作为我们生活中的镜子，其中一件是老外干的，另一件也是老外干的，我把它们分述如下：

第一件事：武汉市潘阳街有一座建于 1917 年的六层楼房，该楼的设计者是英国的一家建筑设计事务所。20 世纪末，也即那座叫作"景明大楼"的楼宇在漫漫岁月中度过了 80 个春秋的某一天，它的设计者远隔万里，给这一大楼的业主寄来一份函件。函件告知，景明大楼为本事务所在 1917 年所设计，设计年限为 80 年，现已超期服役，敬请业主注意。

真是闻所未闻！80 年前盖的楼房，不要说设计者，连当年施工的人，也不会有一个在世了吧？然而，至今还有人为它的安危操心！操这份心的，竟然是它最初的设计者，一个异国的建筑设计事务所！

是怎样一种因素（体制？岗位责任制？金钱的诱惑？铁的纪律？敬业精神？个人品德，还是一种文化传统、一种日常的共同遵守的生活准则？）使一个人、一群人、一个在时空中更新换代了数茬人的机构，虽经近一个世纪的变迁，仍然守着一份责任、一个承诺？

第二件事：在东北地区滨州铁路穿越小兴安岭那条最长的隧道山顶，有一座方方的石碑，那里长眠着一位异国的工程师。这位工程师曾负责这条隧道的设计。当工程进度由于意外没有按照预定的时间打通时，这位工程师开枪自杀了！她以自杀来弥补自己的失职和耻辱。

这种自责方式对我们来说也许太陌生了。我们太习惯于在失败面前寻找"客观原因"了，我们也太习惯于在失败面前为自己开脱了。一个肩上负有责任的人，出了天大的责任事故，别说引咎自杀，辞职谢罪的也少有。一位异国女工程师喷洒着鲜血的自责行为，让我异常分明地看到了我们灵魂中的暗点。

以上两个故事，将是我后半生永不丢弃的镜子，既照我的言行，也照我的内心，我愿意把这两面镜子送给所有有自省精神的人。

这篇文章不长，也没有对谁的责怪，只是平实地说出事情的真相，加上一份诚恳的自省和由衷的感慨。然而不管是事件本身，还是那份感慨和自省，字字打在人的心窝处，让人无法忘怀、无法平静。

有读者问非子，什么是自省，怎样自省？

非子说，自省是一份审视、一份责任、一份对心灵的洗礼和对良知的拷问。它全部的对象都指向自己，而且是自觉地指向自己，不找借口，不原谅自己，不找替罪羊，不找台阶，该自己负的责任自己负，该自己受的罪自己受，永远抱着接受的态度：接受自己，不姑息自己；接受过失，不姑息过失。要求自己坦荡、不晃荡；聪明、不狡诈；智慧、不计谋；真诚、不纠结。

这些事最好每天做，每月做，每年做；可谓每天一小次，每月一中次，每年一大次；年终来个新年决心，想想这一年的进步和不足，争取下一年的弥补和进步。这样年年岁岁、岁岁年年，你就养成了自省的习惯，你就做到了堂堂正正做人，认认真真做事。

这样你就能好好吃饭、好好睡觉了。修身人所说的好吃好睡是怎么来的？就是这么来的，那不是你修为的结果，那是你自省的结果；修为

遇见觉知的自己

的核心不是你祈祷别人，希冀别人，而是你面对自己，接受自己。你不能光靠祈祷来换取好吃好睡，你得有自省精神，真正从心里跟你自己较劲，你才能好好吃、好好睡；你得下决心为自己负责任，你才能好好吃、好好睡；你得对自己有所交代，你才能好好吃、好好睡。

而且到那时就不是你想好吃好睡了，是你内心的健康机制要你好吃好睡。你的健康机制经过你的反省已经全面启动了，你的健康机制就是你的保护神，只要你做到认真自省并把自省的决心落实行动，你的健康机制就会给你想要的一切。

到那时你已经什么也不想要了。以前你想要，以前你什么都想要，想实现自己的重要性，也想要名利和地位，后来经过自省你什么也不想要了，你明白了那些东西都是空的，到头来没有一样东西你能带到那边的世界。当你什么也不想要的时候，你就什么都得到了。其实也不是你什么都得到了，而是说，那些东西以前就在那里，是欲望冲昏了头脑才让你瞎了眼，看不见那些原本就在那里的东西。

这对每个人都是绝对真理，希望你也试一试，丢掉自己，自省的内核就是丢掉自己，丢掉自己的欲望、私心、虚荣和假面子。那些东西都没有用，都是自欺欺人的小把戏。人的头脑太喜欢那些没用的小把戏，丢掉那些没用的小把戏，你会感觉一身轻，这样你才能轻装前进。由衷地唱起你的《国际歌》：从来没有什么救世主，也不靠神仙皇帝，要创造"自己的幸福，全靠我自己"。

这么一唱你才发现，你要的东西原本就在那里，一样都不少。整体在造人时给了每个人足够的东西，是欲望让你一错再错，是头脑让你陷入了没有的误区。

这就是自省的任务，自省就是让你找到你原有的东西，丢掉你不该有的东西；负责你该有的东西，交代你该做的事情。就是这样，就这么简单。

一旦你做到了自省，你养成了自省的习惯，你内在的几种机制就会同时被唤醒，进而它们会分别为你效劳，给你带路，给你指引。信任机制给你信念，是非机制帮你分辨是非，成功机制帮你走向成功，健康机制教你好好吃、好好睡，给你健康的身体。

有了这四个机制的正常运作，你就成了一个彻底的"无人"，真正时尚的"甩手大爷"。你不用再为自己去操心，既不用为命运操心，也不用为得失操心。当你的四种机制正常运行之日，就是你与整体携手共进之时，那你还有什么可操心的？没有了，你已经被整体接受了。

但是有一点，要想被整体接受，认真自省——就是你的前提。

《镜子》里的那两件事，那个建筑设计事务所也好，那位女工程师也好，他们就是启动了自己内在的是非机制，就是说，让他们那样做的不是他们本人，是他们内在的是非机制，也是我们所说的良知，但一定得是真正的良知、干净的良知，才会有那样的觉知和正直。

这个意义上可以说，无论那个事务所还是那位女工程师，他们都永远在，他们没有死也不会死，死去的是他们的躯壳，永存的是他们的精神。

而一个有精神的人，才配享有人的桂冠。

这就是自省的价值。

非子把多年来心理咨询者提问最多的问题总结如下，就有了下面的觉知，总题为"自省觉知"，希望你受用。

一、别把嗔恨当快乐

多半的嗔恨总是来自于亲近过又远去的朋友：曾经的亲密让你的心里倍感委屈，后来的疏远又让你的自尊无法平静。

嗔恨就是嗔恨，快乐就是快乐，两件事没法混为一谈。因为它们的功能不一样：快乐是用来造乐的，一个快乐的人，他不但能快乐自己还能快乐别人；嗔恨是用来造苦的，一旦跌入嗔恨，即使被嗔恨的人没有痛苦，嗔恨者也会为自己的嗔恨痛苦万分。

嗔恨里潜藏着一个巨大的自卑，你恨别人，是因为你恨自己；你觉得自己不好，你才恨别人的好，想在对别人的嗔恨里平衡自己；如果你好，你就会祝福别人；如果你本来就很平衡，你用不着去恨别人，因为你爱自己，你也会爱别人，即使那个人嗔恨你。

这个世界上，几乎每个人都有嗔恨，因为每个人都有自卑感。虽说自卑常以自傲的样子凛然入世，但正因为一个人自傲，他自卑的影子才表露无疑：卑他人的贵，卑他人的财（才），卑他人的聪，卑他人的慧；也有卑从莫名处来的，更有卑到自以为是的自傲者，他认定："我不理你不是因为我自卑，是我鄙视你的处世和为人。"

表面看，鄙视他人的人，总有一份高洁的理由；仔细想，你鄙视他，还是因为他伤害了你的面子和自尊。但很多时候，那个伤害你的人，他本人并没有伤你的意识，只不过他有他的苦衷，或者他有他的表达方式，却在阴差阳错的时空里，你无视他的苦衷，也不认同他的表达方式。于是你心底的嗔恨揭竿而起。

固然茫茫人海，人不可能跟天下所有的人做朋友，而大多数人也很少会对一个与自己不相干的人有嗔恨。多半的嗔恨总是来自于亲近过又远去的朋友：曾经的亲密让你的心里倍感委屈，后来的疏远又让你的自尊无法平静。

然而嗔恨就是嗔恨，谁也否认不了自己的阴暗；面子就是面子，谁也否认不了自己的脆弱。但有一点，只要你心里有嗔恨，嗔恨的种子就一定会发芽；只要你有自卑，自卑的情结也会不断地蔓延。其实，被你嗔恨的人，未见得有你那样的痛苦，倒是你，一旦陷入嗔恨的磁场，原先的快乐难免被嗔恨所污染。

所以奉劝你，不要把嗔恨当快乐，嗔恨就是嗔恨，快乐就是快乐。真正的快乐是一份无条件的平和，而要把嗔恨当快乐，那无异于分裂了你的心性，让快乐成了你嗔恨的牺牲品，让嗔恨成了你快乐的条件。

关系有两种，一种是虚的，一种是实的；一种走外围，一种走实质。走外围的人，不大会有嗔恨的理由；走实质的人，不大容易有谅解的心态。表面看，缘分的散尽对成年的彼此无伤大雅，但只要两人有嗔恨，或者一方对一方有，嗔恨的磁场也会发出破坏性电波，直到某时某刻，在一个看似不相干的事情上引起破坏。

这就是生活中常见的多米诺效应了。表面看是你踢了一只猫，其实是你对那人的嗔恨让你烦恼；表面看是你的疏忽造成的车祸，其实是你心里的芥蒂让你不顺。想想自己的倒霉，是否与你跟那人的过节有关呢？

而我们平常所说的放下，放下嗔恨应该是本质的臣服吧。如果再有些顿悟，立马会明白，不管是他还是你，嗔恨其实本不在，那不过是各自头脑中臆想的图片！这么一想，就没必要为那种"虚妄"烦恼了。而一旦放下嗔恨，理解的情缘自会传递，宽厚也会化解藩篱，打开心结。

到那时，即使你俩再无缘相见，也会给对方一份珍藏的美好；即使你对他仍有犹豫，犹豫的也不再是你的脸，而是对方的心。

二、别把傲慢当自尊

表面傲慢的人，其实他心里很自卑；一味扬言有尊严的人，他的尊严也不过是假装的虚荣和骄傲。

傲慢的人总是过分看重自己，看不起别人。殊不知，一个真骄傲的人，他更愿意低调谦虚。因为他懂得，谦虚比骄傲更骄傲，也更可贵。

也因此，能谦虚的人是充实的人，一味傲慢的人是虚空无物的人。因为心里没有实物，才需要张扬他的骄傲，以表明他的有，这种张扬本身已经说明了他的虚空。

遇见觉知的自己

一个傲慢的人，他总喜欢拿自尊来说事，他觉得他自己最有尊严，最值得骄傲。殊不知，一个有尊严的人，他不会把尊严挂在嘴上，对他来说，尊严是对别人的尊敬，更是对自己的严格；尊严不是表面的傲慢，是心里的平和。

往往，一个有尊严的人，是爱人如己的人：他接人待物总是关心别人的感觉，他话里话外总是问及别人的喜好；遇到困难，他总会设身处地，将心比心；每逢喜事，他总是光彩他人，让自己低调。和这样的人在一起，他的尊严不是压力，是动力；他的骄傲不是藩篱，是暖流。

很多时候，傲慢的人不光自己不快乐，他也给别人带来了烦恼。他太过自我中心，别人很难跟他讲话；他总是文过饰非，别人没法跟他交流；他太爱指责别人，人家对他敬而远之；他习惯了一手遮天，好人也对他退避三舍。

生活中，这样的傲慢者并不鲜见，特别在两性关系中，这种人多有"侵略"的嗜好。

一个男性傲慢者，他在两性关系中总是"大男人"，且不管对老婆还是对女友，他的傲慢总是无以复加，又处处霸道。

对他来说，欺负你就是爱你，因为他看重的，就是你的软弱和顺从；对你好不过是小恩小惠，无非是想让你服从他的时间表；他从来也不在意你的感觉，认为一个好女人，理应服从男人的感觉；即使你痛苦他也不会改变自己，直言"你痛苦说明你有问题，你应该先把自己的问题解决好"。

如此一来，他不但分裂了自己，也分裂了你，让你的感觉在他的霸道面前没了感觉，也没了出口。

原本你想要两人更好，他说你缺少一颗平常心；原本你想要两人更亲近，他说他爱你但不能没有自由；你多次电他怕他有事，他说你神经太过敏；你总想和他倾心交流，他说那是你对他的不信任。

总之，他出口的辩解总是振振有词，他对你的指责也总是在情在理。久而久之，你的感觉越发混乱，你的自卑也油然而生，又莫名其妙。

然而，就是这么一个"大"男人，他在外场上常常力不从心，他在"同行"面前也多是表面君子，内里小人。虽说他待人接物也不大会违背男人的规则，但要论真格，他的表现，不可能与成功画等号。

因为，一个成功的男人，他不大会在女人面前耍威风；一个让人尊重的男人，他也不会靠欺负女人来显示自己的成功。相反，正因为他在事业上很成功，他才宁愿把荣耀赠予爱人；正因为他在外面被拥戴为大男人，回到家他才甘愿做个小男人，把面子留给女人，让女人享尽骄傲。

由此可见，表面傲慢的人，其实他心里很自卑；一味扬言有尊严的人，他的尊严也不过是假装的傲慢与骄傲。

所以，不管男人还是女人，如果你已经觉悟到自己有问题，最好先对自己大喝一声，放下假装的傲慢吧！别再把傲慢当自尊！而后告诫自己，要在对他人的尊重里修为尊严，在谦虚的美德里培养骄傲。

三、别把我见当主见

为此对任何一件事都要努力做到：决定之前多听他人的意见，决定之后要用客观来检验，坚持己见只为捍卫原则，改变主意要为事物的圆满。

如果你问一个人有没有主见，怕是没人愿意说自己没主见，也几乎没有人想当一个没主见的人；相反，要说一个人有主见，那就等于说他有一个相当厚实的优点，因为在这样一个变化莫测的世界，主见不但是一个人的实力，它简直就是人的生存之本。

然而在现实生活中，主见在很多时候并没有给人带来好处，反倒让人陷入了麻烦：有人因主见错失财路，有人因主见上当受骗，有人因主见背负骂名，也有人因为太有主见而成了某个人的受害者和牺牲品。

透析了"我见"的本质，就会发现主见和我见的不同，即主见基本客观，我见过于主观；主见吸取他见，我见排斥他人；主见可以修正，我见固执己见；主见为圆满事物，我见为自我圆满。

这么一对比，主见和我见的差别就出来了，而某些人愤愤不平的我见，也终于在平和的主见面前有了更多的愧疚和自惭。

是啊，谁愿意让自己的主见付诸东流呀，谁不愿意让自己的主见有的放矢呢？可要避免前者赢取后者，我们还真得学点主见者的客观和随时修为的反省精神。

这也是我们平日所倡导的谦逊与客观，它让我们丢掉我见，就是让我们丢掉我见背后过分"强大"的自我和自满：太过自我，就会远离真相；太过自满，也会远离客观。而当一个人完全地离开真相和客观时，想想，你所谓的主见还会帮你运筹吗？你的企盼在一个错误主见的引领下，怎能抵达彼岸？

所以，你要真想做一个有主见的人，首先要对自己说的应该是别拿我见当主见。而后狠下心来，把自己的我见丢进垃圾桶，让充满活力的主见成为你的指引。

为此对任何一件事都要努力做到：决定之前多听他人的意见，决定之后要用客观来检验，坚持己见只为捍卫原则，改变主意要为事物的圆满。

如此你反倒有了真正的我见，那是因为，你用真相奠基了客观，又用客观培育了主见。

四、别把占有当成爱

这也是浓情大爱者的理论基础：别跟我说什么爱是自由，别跟我谈什么爱是超越，要自由我干吗还要找对象？要超越我就不如单身。

陷入迷情的人，他很难分清爱和占有的区别：对他来说，爱一个人，就是要占有一个人；如果不去占有，爱又从何而来？

这也是浓情大爱者的理论基础：别跟我说什么爱是自由，别跟我谈什么爱是超越，要自由我干吗还要找对象？要超越我就不如单身。

乍一听此种牢骚也似有合理，但仔细想，如果你真的拥有，何必再去占有？如果你真的快乐，就不会牢骚满腹。

当下的社会正在进步，进步之一就是，快乐——已被越来越多的有识之士共识为衡量事物的最佳标准。

具体到爱的占有者，如果你发自内心地快乐，那别人对你的占有也无话可说；如果被你占有的人也是快乐一族，那样你的占有也可谓"壮烈"。

只可惜，你非要占有对方时，正是你失爱的关头；你非要管制对方时，正值他没了感觉。如此你才要想方设法，以占有他的心；如此你才会疯狂到极致，以防止他人的涉猎。

没错儿，自打人成了动物界的主宰，人似乎就能占有一切，从房屋到花木，从吃穿到游玩，在这个地球上，人不能占有的东西已屈指可数，但唯独人，想用占有去征服人，从古至今，还没有先例。

那是因为，人不但有身体，他更有精神；人不但有思想，他还有感觉；人不但有爱，他的爱还会在某些条件下变成恨；人不但能建设，他也能在需要的时候生出毁灭和破坏。

这么一想，占有一个人，就不好冠以爱的桂冠了。只有给他自由，让他在爱的自由里自己选择，让你在爱的自由里耐心等待。与此同时，充实自己的生活，修为自己的美善，到那时，没准他想占有你，你还不干了呢！又或者，到那时你俩才堪称两情相悦，你爱他，他也爱你。

通常，把占有当成爱的人都不大自信，因为不自信，他才总想拴住

遇见
觉知的
自己

对方；因为有自卑，他才更怕自我的失落。

然而，对一个活生生的人，你能怎么办呢？他如果就是不爱你，就算你把他吞进你肚里，他怕是也不会让你满意，非但不满意，兴许还会变出个孙悟空什么的，在你的身体里翻江倒海，那样一来，不但你整日不好活，到了晚上，你还会陷入梦游或梦魇。

所以奉劝你，别把占有当成爱。正是为了爱，你才该放弃占有，给他自由，让你在自由里享受爱情，让他在自由里爱如流水。

五、别用自己的错误惩罚自己

这么一想，自错自罚的人就回过味来了：对呀，我爱自己，怎么可以用自己的错误惩罚自己呢？我爱自己，怎么可以那样地不拿自己当一回事？

有老话说，人生无奈，对错常在一念之间。

这句话，对那些用自己的错误惩罚自己的人，真可谓一份深深的感慨。

生活中，怕是没有不犯错误的人，除非他是圣人。只要是凡人，他必然得犯错误，而后在凡人之间就出现了本质的不同和差别。

有的人犯错是偶然，有的人犯错是必然。偶犯错误的人，他多半对客观条件估计不足；必然犯错的人，他大都有发生错误的内因和量变。结果出错后，前者容易对照客观，修正错误；后者就容易自暴自弃，怨天尤人，而用自己的错误惩罚自己，就是自暴自弃的那一种。

生活中，用自己的错误惩罚自己的人不在少数：比如，某男只是犯了点小错，但因为周围人看不起他，为了证明自己的自尊，他就将错就错地错了下去；再比如，某女最初只是失恋，但为了夺回失去的自尊，她终于加入报复的行列，这里，她报复男人是否得手并不重要，重要的是，她这样做，必然成为她报复行为的牺牲品。

通常，习惯于惩罚自己的人，他多少都有点"傲慢"和"我见"：因为太过自视高傲，别人的意见他总是当作耳旁风；因为太过以自我为中心，他总以为这个世界就得围着他转。而当他心里的理想受挫后，他又继续用他的主观和傲慢加以测评，结果，他的失望越加深重，他的埋怨也越发激烈，以至于他非但未能修正错误，错误还成了他自罚的诱因和羁绊。

自打回归人性后，国人就有了一个集体的共识——爱自己。而要把爱自己的理念落实于行动，不用自己的错误惩罚自己，就该成为首要的警言。

这么一想，自错自罚的人就回过味来了：对呀，我爱自己，怎么可以用自己的错误惩罚自己呢？我爱自己，怎么可以那样地不拿自己当一回事？

而要彻底改掉这个毛病，说易就易，说难也难。

你固执己见，无视客观，恐怕你还得重蹈覆辙；你勇于丢掉自己，让客观带你前行，不但你修正了错误，你真正的自己还完好无损，走向了超越。

六、别用自己的错误惩罚别人

如果你处在错误的磁场，你所有的举动都会在你错误的信息下一错再错，为你造就了陷阱和磨难。

用自己的错误惩罚别人的人，多半都有较强的嗔恨。因为嗔别人的好或者恨别人的"贵"，他心里总想打败别人，加上他出手的动机原本就不纯，也因此他与别人的较量总是难免受到错误的指引。

比如，某男会造谣惑众，让他的假想敌突然失落；他还会使用雕虫小技，让他的对手遭逢困顿。再比如，某女为争宠老板，竟公然爆料女友的隐私，让她的竞争者遭遇尴尬；她更会情坚决绝咬牙切齿，让她的情敌一败涂地，没有回旋的余地。

然而他（她）这么做，也常会事与愿违或鸡飞蛋打：很有可能，他的造谣惑众并未能应验；还有可能，他的伎俩早在实施以前就被看穿。她羞辱女友非但未能张扬自己，还引起了老板的厌恶；或者她欲害情敌非但未能伤害对方，反倒让自己颜面尽失，落得出局的危险。

正可谓搬起石头打别人，刚好砸了自己的脚；又所谓"机关算尽太聪明，反误了卿卿性命"。

而我们所说的"轮回"也是如此，一旦你沉沦世俗，你就是再怎么"努力"，也逃不掉你对自己的惩罚；你就是再怎么"精进"，你也只能是害人害己，到头来落得加倍的孤单。

怎么办呢？

如果你知道自己不对，奉劝你，不要用自己的错误惩罚别人。因为，如果你处在错误的磁场，你所有的举动都会在你错误的信息下一错再错，为你造就了陷阱和磨难。

这时不如你老实认错，接受真相，没准倒能体会出"皇天无亲，唯德是哺"、"天公疼憨人"。

人——不管眼下有多不如意——只有接受自己，在接受的基础上改变自己。因为，只有接受能让你蜕变，只有蜕变能帮你超越。除此以外，你所有惩罚别人的企图都将付诸东流并化为泡影。

七、别用别人的错误惩罚自己

你原本想用你的聪明去报复他，其实你是用他的错误惩罚了你自己，而被你惩罚的还不仅是你这个人，更有你心底的良知与淳朴的心态。

用别人的错误惩罚自己的人，多半都有潜在的自卑感：因为太过看重别人，又菲薄自己，虽说他意识里没有想用别人的错误惩罚自己，但当他着力取悦别人时，他的潜意识也就自觉不自觉地把他带进了自我惩罚的陷阱。

更有甚者，也许他的做法并没有不对，但因为他太在意"那个人"，他往往会背弃他的正确而把那人的错误当成他的既定目标和客观标准。

这在女人的婚恋中颇为多见。比如，你对他的关心很正常，你对他的亲密也没有过分，但因为他从一开始就没打算跟你论真格，或者他即使娶了你，在他眼里你仍是个次于男人的女人，这时你的每一份关心在他眼里都可能被贬为"纠缠"和"无聊"，你发自内心的体贴也会被他指责为"监督"和"限制"。

接下来为了取悦他，你开始了对自己的改造和改变。你原以为自己的真诚会感动他的，殊不知，对一个享受女人的男人，你每回的退让都是他长驱直入的理由；你每次的悔改都强化了他的霸道和自我中心主义。

一旦你认清了他的"面目"，你终于学会了用他的办法来对付他的不真。也许开始你只想找平衡，但久而久之，当你从对他的报复中尝到甜头时，你同时也养成了自我惩罚的习惯。

特别当你在另一个男人的怀里感受温暖时，以往的忠贞在你时下的"开放"里变得一钱不值，连同你以前的真诚也被你耻笑为"呆傻"和"弱智"。

当然，这种事在一开始是会有快感的，你并不以为那样做是你在用别人的错误惩罚自己。你感觉，那是你在用自己的"智慧"去教训他人。但只要你有嗔恨，你就很难分清对错；只要你想报复，他人的错误就一定会成为你的牵引。你顺着他的牵引走下去，很快你就会发现，你原本想用你的聪明去报复他，其实你是用他的错误惩罚了你自己，而被你惩罚的还不仅是你这个人，更有你心底的良知与淳朴的心态。

没了这两样东西，你就算是远离天道了，即使你表面再厉害、再强大，在心里，你留下了一份永远的虚空和无奈。

这种感受，就算没人说，你也洗不掉自己的悲苦。特别在夜深人静时，你悔恨当初的冲动，惋惜当年的幼稚，然而，时过境迁年复一年，任谁也拉不回失去的青春，也没人能挽住过往的岁月。

有伟人说，人一辈子最痛苦的事，莫过于对自己的后悔。

听了这句话，即使没人劝你，你也会震撼：是啊，我只有一生，如果我在告别人生的时刻对自己说一句，我真后悔……我该是怎样的失败呀。就算为了这四个字我也得珍重自己，不能让别人的错误成为我的陷阱。

八、有自省，才有自信

有自信的人，他往往大事清楚，小事糊涂；没自信的人，他总在小事上较真，大事上慌乱。

人得有自信，没有自信，他做人不敞亮，做事不痛快；人也得有自省，没有自省，他的自我不可靠，自信也不坚实。

自信和人一样，也得历经考验。未经考验的自信，一味感觉上的自信，一遇外人的反对和非议，也会从自信变成自卑也说不定。

自信不是给人看的，自信是为了让自己做事有支撑，做人有分寸。给人看的自信，它外表凌厉，内里虚弱；给自己用的自信，它内里坚实，外表平和。

有自信的人，他一般都有自省。而且他反省自己不是为了表现自信，是为了让自己进步。因为他知道，自己有优点，也有缺点，人的优缺点都不会一成不变，如果没有经常的提醒和检讨，优点会变成缺点，缺点也会变成毛病。于是，就算为了自己的干净，他也会对自己有所反省，先看自己对别人的期望，自己有多少已经落实；再看别人对自己的意见，有多少可以检讨和借鉴。

受用的反省，最好从自己着手，从"别人"着眼。比如，你一碰上自己想要的人和事就有我执，又或者，你心地其实挺善良，可就是改不了背后议论人的毛病。这种时候，先在理智上搞清楚缺点的危害，尽量把危害的后果想成画面，再把受害者想成别人，看看那样做别人会有怎样的痛苦和无奈；再想想，如果那人是你的朋友，你该怎么办？果真那样，你一定会苦口婆心，奉劝友人别做傻事。现如今傻事到了自己头上，你怎么也聪明一世糊涂一时？这么一想，不用谁说，你就决心跟缺点拜拜了。接下来，再对自己使点狠招儿，来点发愿，只要你的心足够诚，同样的毛病你必定不会再犯。

有自信的人，他一般都不会有傲慢。因为他明白，三人行必有我师焉。长长的人生路，他结交的有缘者又何止三个人！这么一想，能当他老师的人就不止一两个了；加上他原本就爱学习，于是处处是课堂，人人是老师就成了他阳光的理念和心态。

有自信的人，他很容易发现别人的优点，因为把别人都当老师，从尊崇心出发，他对别人的缺点比较麻木，对别人的优点特别敏感。这可就是一个聪明人的大智慧了。看优点，学优点，优点滚优点，这么一来，他不但进入了一个好磁场，他还成了一个以优点起步的有品位的人。

反过来，人若是老盯着别人的缺点，不但他自己不痛快，人家的缺点还容易传染他，让他混淆是非；加上他原本就有嫉妒恨，结果一来二往的，别人的污渍就成了他的污渍，别人的缺点也加重了他的缺点。这就是好人和坏人的差别了：好人是以好学好，越学越好；坏人是以坏抵坏，越恨越坏。

有自信的人，他一般都有自我批评的精神。因为他每天勤自省，自省的习惯让他有了对批评的抗受力，也有了接受的达观与平和的心态。

批评得对，他感激人家的爱护与真诚；批评得不对，他也感谢人家的提醒，有则改之，无则加勉；对出言不逊的挑衅者，他就更感谢了，感谢有个把逆缘，让他在非议中保持警醒，让他在反对中坚守正确。

这才是一个人的真自信，自信就是这样练成的：自信绝不是张扬的外表，自信是一个人内里的充实。有自信的人，他可以在繁华中沉默，或在沉默中爆发；没自信的人，他总在沉默中张扬，又在繁华中显摆。进一步，有自信的人，他往往大事清楚，小事糊涂；没自信的人，他总在小事上较真，大事上慌乱。

人需要自信，自省中的自信才可靠。

人也需要自省，自觉的自省才踏实。

九、好好活就是不回头，永远向前看

只有一路向前，你才能用超然的态度去工作、去生活。否则，你的自我就会无端地扩大，让你在摔倒的坑里痛苦到无限。

生活中没有不犯错误的人，从小到大，就是再谨慎的人，他也会犯错误。因为很多时候，错误的发生并非你有意的疏忽。如果你品性上就有弱点、有毛病，或者你的存在别人就是看不惯，那样的话，所谓的错误就成了你必然的纠结。

生活中的纠结比比皆是，别人纠结自己，自己纠结自己，自己纠结别人，不管谁纠结谁，只要是纠结，心里都会有疙瘩，感情上也会有无奈。但有什么办法呢？这就是人生，人生就是处处有绿地，时时有暗礁。这就是人，人就是各有各的品性，各有各的习惯。加上不同品性的人其想法也是各不相同，如此一个大千世界，你要能全情观照，就能雾里看花；你要非往死里较真，那就等于是庸人自扰，没事找事。

沈从文对犯错误这种事有个看法，说是摔了跟头爬起来就走，别老紧盯着身后砸出的坑。笔者觉得很地道，也很有智慧。

实际上，就像上面所说的，生活中没有不犯错误的人，也没有不摔跟头的事。人吃五谷杂粮，不可能不犯错；人在江湖上行走，不可能不湿鞋。如果你一摔跟头就没完没了地研究你身后的那个坑，耽误了你的大好年华不说，也让那个不起眼的坑没命地长脸；如果你起身就走，对砸过的坑连看也不看，那样的话，兴许你前脚走，后脚就有人把那坑填上了也说不定。

因为路就是人走出来的，走出来的路原本就是坑坑洼洼没有平坦。你觉得它平坦，那是因为你心里平坦。心里平坦的人，他原本就没有坑洼的概念，你说那是坑，他说那是碗；你说那是坎，他说那是画儿。这么一来，就没有事能难住他了，管它是坑是洼呢，对他来说都是好地方、好日子。

欣赏身后坑的自怜者大有人在，就别说猛摔一跤了，就算他轻轻绊倒，他也会回过头来，好好欣赏一下自己的"杰作"和"故事"。而且光是欣赏还不过瘾，他还要打开想象的闸门，让他身后的小坑立马罩上厚厚的阴云，连同那条悲哀的小溪也哭出泪来。

这样的自怜者怕是都有自恋倾向。本来他就活得很无聊，身边也没有什么让他上心的事，好不容易摔了一个大跟头，这"伟大"的跟头足以让他感受到自己的特别和可爱。

于是他开始了对自己的陶醉，在他壮怀的画面里，他是这个世界上最不幸的人，而且他的不幸足以用小说来记录，用影视剧来记载。也许他身边真有人愿意倾听他的苦难史，那多半也是摔坑的爱好者。即使没有，他也能找个垃圾桶，把他的跟头连同他身后的坑描绘成情景剧，登时成了人们渴望的"传奇"和期待。

对这种自怜者，罗素说过这样的话，大意是，多数人在监狱里是不会感到幸福的……但是，把自己紧锁在自身的情感中，对外面的事一无兴趣，何尝不是在建造一所更糟糕的监狱呢？在这类情感中，最常见的有恐惧、嫉妒、负罪感、自怜和孤芳自赏。在这些情感中，人的欲望都集中在了自己身上，他急切地要躲在暖和的谎言里，想用编造的谎言来抵御外面的寒冷。但是有一天，当现实的寒风穿透谎言的长袍，当现实的荆棘刺破谎言时，比起那些用艰苦磨炼自己的人，这些自怜者往往要遭受更多的痛苦。

实际上，对他摔过的那个坑，不管他怎么编造都是谎言，说好是谎言，说不好也是谎言，只要是远离了真相，那样的杜撰都不过是他的一厢情愿。而且，不管说好还是说坏，他的目的只有一个，就是突出他的重要性，提升他在别人心里的地位。他就是那种潜意识里总想抢占他人眼球的人，而且还不止是一人的眼球，恨不得全天下的人都关注他的不幸，怜爱他的怜爱。这样的自怜者是否就有过自私呢？又或者，它也说明了那人的虚空和狭隘。

每个人都想实现自己的重要性，这没错。但同时你也该认识到，不管作为名人还是普通人，你也总有不重要的时候和不重要的一天。但那有什么关系呢？你对你自己很重要，这已经是整体给人的厚爱了。你要把这种重要性强加给他人，那就成了一种奢望，和抢夺的心态。

林肯说："上帝必须爱普通人，因为他创造了太多的普通人。"听听，连伟人都为你讨公道了，你还有什么不平吗？况且，每一位伟人在根底上都是一个普通人，一如每一个普通人，也都有不同凡响的成分。

这就是为什么，每一位意识到身为伟人的人，都希望在他创造的事物中赢取伟大了；也是为什么，凡是集成伟业的大家，他们的自我都已经不在。他们只有一个自己，那个自己和整体在一起，除此之外他们没有多余的自己，他们不会为了让外人感受自己的重要性去编造谎言或故作姿态。

那是因为，对他们来说，有意义的事不是自己，是创造。当一个人把自己和创造绑在一起时，他就成了整体的一部分，因为整体就是在创造的。不管这个世界怎么变，整体一直都在创造着，整体如果不创造，整体必然要消失或毁灭。

所以，当一个人把自己献给创造时，他就不能往后看了，他一定得向前看。就别说他身后有一个坑了，就算他身后天崩地裂，他也不能顾及，无法留恋。他得一直往前走，没有犹豫，没有得失，倾听自己的声音，跟随自己的感觉，让自己一直往前走，抱定小学生的心态，未来的世界就永远有新奇、有新鲜、有美好、有灿烂。

这也是乔布斯的态度。乔布斯说："……关于我，应该谨记的关键一点就是，我仍然是个小学生，我仍然在新兵训练营。如果你想有创造性地过自己的生活，像艺术家一样，就不能常常回顾过去，不管你做过什么，以前怎样，你都必须心甘情愿地接受一切，并将一切抛在脑后。"

就算你不是艺术家，只要你看破并放下，你也没必要对过去了的事一再顾盼。就像那个出家人，身背一个古物瓷缸，是皇上的赠物，忽听背后"哐"的一声，瓷瓶碎了，出家人头也不回，继续赶路。此等超脱，绝不是学来的潇洒，是心里的自在。

没错，只有一路向前，你才能用超然的态度去工作、去生活。否则，你的自我就会无端地扩大，让你在摔倒的坑里痛苦到无限。

也因此，好好活就是不回头，永远向前看。

十、少用脑，多用心

人要活得真实，要真实就只有简单，要简单就只有少用脑，多用心。因为头脑是欲望，欲望让人永不知足；心是接受，接受让人永远快乐、宁静。

有一个故事：

一位新上任的国王，因为一国之君的权力而沾沾自喜，但就一点不

遇见觉知的自己

足，他总觉得他心里不安全，他渴望在宫殿里四处都有他的身影。于是他命人在大殿的四壁上挂满了镜子，他一站在镜前，"无数个国王"威严屹立，仿佛全是他的替身，给了国王足够的安全感。

国王有一只宠物猴，是国王爱不释手的玩伴。镜子装好的当晚，国王放宠物猴到大殿去玩耍。谁承想，宠物猴往镜前一站，就没完没了地叫了起来。大臣们知道猴子是国王的宠物，没人敢管。就这样国王的猴子叫了一整夜，待早起一看，可怜的宠物猴已死在了镜前。

这只猴子是怎么死的呢？其实不用说各位也明白，这只猴子是被它自己吓死的。因为当它叫的时候，镜子里众多的宠物猴也跟着它叫；它叫得欢，镜子里的宠物猴叫得更欢。它以为镜子里的宠物猴是在跟它较劲，于是它也越发起劲地叫了起来。可是不管它多较劲，镜子里的宠物猴也没有怕过它，似乎比它还要较劲。就这样，一只猴子终归抵不过一群猴的叫喊，可怜的宠物猴终于成了自我恐吓的牺牲品。

人最可贵的地方有两处：一是脑，一是心。人脑是人与动物的最大不同，人心也是人与动物的最大差别。可曾几何时，大脑对人过分的要求，让人陷入了欲望的迷雾；人对脑的过度的使用，也让人有了力不从心的感觉。于是人们开始羡慕动物，希望自己也能像动物一样，活在此刻，活在当下；也有更多的人开始向往简单，向往淳朴，渴望不管对人对事，最好只问其然，不问所以然。

现在回头再看上面的故事，大家就该明白，那只猴子是怎么死的了。对呀，它就是用脑过度了，因为头脑里有嗔恨，它就把镜中的猴子都当成了敌人。其实活在大千世界，有个把猴子冲你叫喊，原本就是很正常的事，可这只宠物猴就是不明白，我没招你没惹你，你凭什么对我大叫大喊！于是它越想越窝火，越想越来气，就跟镜子里的猴子展开了口水战。口水战越叫越欢实，越打越激烈，以至于这只宠物猴连气带吓，终于命丧黄泉。

实际上，镜中的猴子根本就不存在，那不过是大殿里的猴子在镜中的集体反射，就好比一个人外化的世界。每个人心里都有一个外化的世界，那个世界就是一个人心理上的反应。你心里的小九九九曲回肠，你眼中的世界当然就复杂；你心里的天地宽阔敞亮，你眼中的世界就自然简单。而这里所说的少用脑，多用心，也正是在这方面有了积极的意义和内涵。

因为，大凡人头脑里想象的事，都不是真相本身，都与真相有差别。而这些真相之所以被掩盖、被扭曲，虽说有一部分是有意所为，但大部分都是人们下意识的想法和观念，是由于人太过相信自己的主观世界，所以才酿成了客观世界的夸张和走板。

这也是我们每个人都有过的偏差，也就是说，大部分人眼中的世界，并不是原来的样子，因为人太喜欢按照自己的想象去理解世界，所以今日之世界才有了万人涂抹的混乱。

就好比把真相比作一幅画，你在真相上画一笔，我在真相上画一笔，他在真相上也画一笔；你们在真相上画一笔，我们在真相上画一笔，他们在真相上画一笔。接下来再看，你还能看见真相吗？你还知道原来的真相是什么样子吗？在众多人涂抹的非真相里，你能快乐吗？你能敞亮吗？你心里能没有疑问、没有困惑、没有失衡吗？

反过来，如果每个人都能放下主观，接受客观，再想想看，这世界该会有怎样的怡然？如果每个人都能接受真相，在整体赋予自己的真相里人接受自己，努力精进，果真那样，人心该有怎样的清凉，生活该有怎样的和谐？

还有一个故事：

一个大雪天，很多人在酒馆里喝酒，其中有一个书生，一个官员，门槛边上还坐着一个乞丐。书生看着白茫茫的世界，不由得诗兴大发："大雪纷纷落地……"他正要吟下句，官员接了过去："这是皇家锐气……"官员看着这场雪，想的自然是"瑞雪兆丰年"，官税多多，很是得意。这时酒馆老板正忙得不亦乐乎呢，心想要不是下雪，生意咋会这么火呢？于是他也高兴地和了一句："再下三天何妨？"这下门槛上坐着的乞丐不干了，心想：老子都快要饿死了，你还说什么"再下三天"，于是乞丐没好气地接了后一句："都是胡言乱语！"

您看，就一场雪，就在一个小酒馆，就惹来了四个版本的"酒馆看雪"。老天爷只下了一场雪，可吟诗的这四位，每个人心里都下了一场不同的雪。究竟哪场雪是真的呢？其实不用说您也明白，哪场雪都不是真的，除了老天爷下的那场雪，其他那几场雪都是各人心里的图像，是各人心里的看法描绘了自己的雪景。

这就是头脑的毛病，人的头脑就是有这个毛病，喜欢画画。对一场大雪都能画出这么多的画，再要碰上更复杂的事，那还有真相显摆的地方吗？真相到哪里去立足，到哪里去说理呀？

时下有个词叫人性化，这里不说更复杂的道理，就从人性的角度想想真相的感受，站在真相的角度体会一下真相的无奈。如果你是真相，你愿意这样被扭曲、被忽略、被埋汰吗？你必定不愿意。那好，顺着这个思路你就能明白，为什么这个自省觉知叫作少用脑，多用心。

因为头脑有问题，头脑总喜欢画画，头脑就是充满了欲望，头脑在欲望的驱使下不是过分紧张，就是好走极端，而且有些人还执着到头，永无回旋。

关于走极端，前面那个宠物猴的故事已经说得很明白了。实际上，那只猴子就代表了人的头脑，人的头脑就跟那只猴子一样好走极端，什么事都爱死磕、爱较真。特别在人际关系中，又在对方不待见自己时，头脑就开始了暗中的较劲，要么跟自己怄气，要么给对方使绊儿。其实都是没影儿的事，完全是头脑的欲望让人胡思乱想、疑神疑鬼。

什么叫过分紧张呢？你有过丢东西的体验吧，你有过找东西怎么也找不着的记忆吧？为什么找不着呀？因为你太紧张了，一紧张，头脑就卡壳了，不运作了，什么都想不起来了，全忘了。而只有当你放下头脑，不再去想的时候，突然间，那东西自己就出来了。还有一些科学家、文学家，他们闪现的灵感，都是在不紧张的情况下突现的。可见不是笔者跟头脑过不去，正是人的头脑有弊端、有问题。

用心想问题，就避免了头脑的紧张和极端。因为心更接近于感觉，感觉会让人更本能、更自然，心没有欲望。你有听说过襁褓里的婴儿有欲望吗？婴儿没有欲望，他只有本能，他饿的时候他会哭，他吃饱了以后就不哭了。他不会想：我再多哭一会儿，这样我就可以多吃了，我得多吃一点，多存一点，省得以后没有了。一个婴儿，他不会这样想问题。

用心想问题，就避免了头脑的紧张和极端。因为心是本能的孩子，心按照自然的步点做事。心懂得平衡，心能让你放下不该想的事，连同不该要的东西，而放下不该想的和不该要的，就是一个人该有的智慧。

用心想问题，还能给你头脑没有的真诚。因为头脑有欲望，所以头脑就缺少真诚。每每遇到问题，不管是什么问题，头脑首先想的不是解决问题，而是自己的面子。对有欲望的头脑，面子是他的头等大事。心就不一样了，跟头脑比起来，心就更简单、更单纯。

在问题面前，对心来说，面子不是头等大事，问题才是头等大事。因为出现问题是真相，解决问题也是真相。如果面对问题不去解决而只想面子，那无异于掩盖真相，假造和谐；而所有的假和谐都会在时机成熟时发生质变，要么酿成灾祸，要么害你患病，至少它是你心里的苦药丸，叫你怎么也不痛快。就像那个掩耳盗铃的人，他偷铃的时候铃声响了，他因为害怕铃响就捂起耳朵，以为这样人家就听不见了，结果他被人抓住了。

人要活得真实，要真实就只有简单，要简单就只有少用脑，多用心。因为头脑是欲望，欲望让人永不知足；心是接受，接受让人永远快乐、宁静。

十一、寂寞出伟大，简单出智慧

伟大是有分量的，伟大也是稳健的，不但是一口吐沫一个坑，更是一个脚步一个印。

如果我告诉你，寂寞出伟大，简单出智慧，可能你不信。但要问那些成功者或伟人，几乎每一位都领受过简单的真谛，品尝过寂寞的况味。且往往，持之以恒就是寂寞的代名词。如果没有忍耐寂寞的恒心与坚持，人不可能成功，更不可能伟大。

有这样一个女人，当她还是一个妙龄少女时，她来到一家高级酒店当服务员。这是她的第一份工作，她将在这里步入社会，迈出她人生的第一步。一想到这些，她就激动万分，暗下决心，一定要好好干！谁承想，她恭敬地走到上司面前，听到的话却是，她的工作就是打扫厕所！

不要说是一个妙龄少女了，不管对谁，扫厕所都算得上是跌份。面子上的难堪就不用说了，视觉上的恶心更让人难忍。怎么办，是欣然接受还是一走了之？女孩想起自己的决心，意识到自己不能退却，自己说过一定要好好干的，就一定得实现诺言，不管是什么样的工作，这是第一步，只能给自己争脸。就这样她端正了自己的心理暗示，在这看似卑微和寂寞的马桶前定定地蹲了下来。告诉自己："就算是一生扫厕所，我也要做一名出色的清扫员！"

光阴荏苒，一晃几十年，当年的妙龄少女，已经成了本国的邮政大臣。

还有一个人，他是一个只有初中文凭的年轻人。他来到一个小镇，在一个政府部门当上了门卫，一干就是60年，他一生都没有离开过这个小镇，也没有换过工作。

工作很清闲，他又年轻，他发现了自己的业余爱好，就是打磨镜片。于是他开始磨了起来，一磨就是 60 年。他对那些镜片锲而不舍，专注万分，他的技术不但超过了专业技师，他还从镜片中发现了当时科技尚未知晓的领域——微生物世界。

他就是荷兰科学家万·列文虎克，被誉为科学史上寂寞出奇迹的小人物典范！

这样的故事要讲下去，几页纸也讲不完。上面两个故事你要能细细品味，已经能悟出，何以寂寞出伟大，简单出智慧。

想想，如果你是一个妙龄少女，你能像上面那个女孩子那样，在马桶里创造出成功吗？如果你是一个普通的年轻人，你能否也像列文虎克那样，在一个镜片里发现科学？没有忍耐寂寞的恒心，人怎能在为人不齿的低贱里做出高洁？没有简单的享乐，人又怎能在年复一年的重复里磨出奇迹？

是的，伟大是从寂寞里出来的。伟大不是从繁华里出来的，繁华出不了伟大，是因为繁华太浮躁、太耀眼，因此繁华难以承载伟大的稳健。伟大是有分量的，伟大也是稳健的，不但是一口吐沫一个坑，更是一个脚步一个印。如此走出的过程就不是浮云了，那是寂寞构筑的踏实，也是简单打磨的智慧。

今天的人，因感官世界的华丽而逐渐失去了忍耐寂寞的心性，就别说主动忍耐寂寞了，就是整天待在繁华里，他也会感觉无聊和乏味。歌厅的热闹让他充实，但充实过后就是无尽的空虚；舞厅的炫目让他兴奋，但兴奋过后就是说不出的心烦。

没有了忍耐寂寞的心性，人就无法在简单中驻足；没有了忍耐寂寞的能力，人也打不开心底的宝柜。每个人心里都有一个宝柜，里面放着人最贴心的感悟和最灵动的智慧。但这个宝柜不在面上，在底下，在心的最深处，人要静下心来，才能触摸到这个宝柜，听到宝柜里的声音。

古人说"水清鱼自现，心静思自明"，就是这个道理：水清的时候，你不用招呼鱼，鱼自己就会现出来；同样，心静的时候，不用你刻意去

遇见
觉知
的
自
己

150

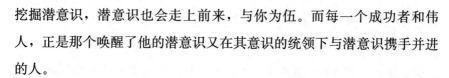

挖掘潜意识，潜意识也会走上前来，与你为伍。而每一个成功者和伟人，正是那个唤醒了他的潜意识又在其意识的统领下与潜意识携手并进的人。

这样说绝不是不要感官享乐，而是说，你享乐感官一定要有分寸，特别是在你年轻的时候。这是因为，人有贪欲享乐的习惯；而感官享乐又往往因其华丽的外表不易引起人的警惕心。比如一个缠绵的旋律，一个婉约的唱段。这种精神上的奢华在很多时候都是双刃剑，它给人美好，也让人忧伤；给人憧憬，也让人颓废。对一个有接受能力的成年人，这种享受不失为高雅；但对一个未成年的孩子，过多的精神奢华也像过分的美食一样，不但不利于健康，还会养成人为的矫饰，或滋生出低迷的心态。

对此罗素有一段阐述，它的中肯足以让人警戒。

"忍受一种或多或少单调生活的能力，是一种应在童年时代就培养起来的能力。现代的父母在这方面是有相当的责任的，他们给孩子们提供了过多的消极的娱乐活动，如电影、精美的食品等。他们丝毫没有意识到，除了一些很少的例外，过一种日复一日的单调生活对于孩子的重要性。

"童年的快乐，主要应该由他们通过自己的努力去创造，从自己生活的环境中去获得。那种一方面令人兴奋，一方面又不需要付出体力代价的娱乐活动，如看戏等，越少越好。从根本上说，这种兴奋犹如毒品，兴奋愈多，追求兴奋的欲望也愈强，但是，在兴奋期内，身体的消极被动状态是违背人性的。

"一个小孩就像一棵幼苗一样，只有他不受干扰，总在一块土地生长时，才发育得最好。太多的旅行，太多的形形色色的感性东西，对青少年并没有好处，因为这会使得他们长大以后，缺少忍受寂寞生活的能力，而唯有寂寞，才能使人有所创造……

"但是如果一个孩子过着放荡不羁、享受奢华的生活，他的头脑中就不易产生创造性的目标，因为在这种情况下，他的头脑中想来想去的，总是下一次的享乐，而不是遥不可及的成功。由于这些原因，不能忍受寂寞的一代将是一代小人，这样的一代人使自己不适当地脱离开缓慢的自然发展，在他们身上任何一种生命的冲动亦将渐渐消亡，如同花瓶中被折断的花儿凋谢枯萎。"

今天，才艺出众的孩子当然不少，但过早凋谢的花枝也大有人在。在非子近年来进行心理治疗的读者中，常有人抱怨说，自己的孩子是多么地难管，多么地浮躁，多么地让人不省心。如果这些家长能看到这篇小文，也许能对照罗素的意见，反观一下自己对孩子的教育和给孩子的环境。如果你想让孩子成才，哪怕只做一个健康的、对社会有用的人，也有必要节制物质享乐，用简单的方式来引导孩子的娱乐，尽量减少感官刺激和孩子对奢华生活的依赖。

当然不止是孩子，有的大人也成了感官娱乐的牺牲品。不知你有否这样的体会，如果你连续几天去舞厅、去歌厅，或者去看戏、看电影，回家以后，你就会浑身乏力、身心疲惫，对一切都没兴趣不说，甚至连至亲的招呼你都嫌烦。想起小时候，一条小鱼或者一把榆树叶就能让你乐不可支，可眼下，就算有人送你一把金钥匙，也未见得能让你高兴起来。

这就叫"感官享乐综合征"。患上这种毛病的人，他心里就像长了草，一阵阵地心慌，一阵阵地发懒，有时也会莫名其妙地委屈、想哭；可新的刺激一到，他又会兴奋起来。就这样，他陷入毒品似的恶性循环中，疯狂时他可以忘掉寂寞，疯狂过后他又陷入深深的寂寥中。这时他好像什么也看不见了，看不见生活的好，看不见生活的美，对吃的失去了味觉，对玩的也没了兴致。长此以往，他要么破罐子破摔，开始更极端的游戏；也会关闭自己，患上突然的抑郁症。

相反，每一个成功者，只要他的成功是靠自己的努力，他一定是一个能忍耐寂寞的人。因为只有寂寞能让他聆听直觉，只有寂寞能让他选择自己，只有寂寞能让他在最简单的关系中专注目标，也只有寂寞能让他一路坚持，没有得失，没有气馁。

就像台球神童丁俊晖。丁俊晖成名后，每回采访，总有粉丝过来请他签名，与他合影。对此丁俊晖总是有求必应。而面对向他索求 QQ 号和手机号的粉丝，丁俊晖只好挠挠头解释道："我没有手机，也很少上网。"

丁俊晖说的是真话，在他的世界里，就只有斯诺克。一个台球专业人士说出了丁俊晖的成功秘诀："沉默，对你的采访来说可能是一种痛苦，但对于台球运动来说，这就是制胜的法宝。"

何止是台球运动，每一个想成功的人，都需要这种沉默、这种寂寞。因为寂寞里有他想象的空间，寂寞里也有他瞥见的憧憬。一旦寂寞引发的想象与直觉牵手，不一样的想法总能给人清晰的目标，清晰的目标也能给他特别的动力。

今天，有识之士已经发现了这个问题，他们开始著书立说，希望大家能够回归内心、回归自然；也有更多的普通人，因为有过亲历的痛苦，他们开始放弃繁华，选择一种更简单的生活方式。

只有这样，回归自然、回归简单，让自己在简单里与自然同步，应该是我们唯一的出路。

这就是人，他有享受奢华的自由；这才是人，他也有享受寂寞的能力。

第六章　本性觉知：寻找比答案更重要

　　如果你与你的父母，或者你们与你的孩子在如下这些"非规范"问题上发生了冲突，改变一下想法，没准未来的某个大师和伟人就产生在你们或你们的孩子中间。

　　王尔德说过这样的话："没有办法，我们只能依从本性去生活，因为只有本性能把我们带到我们要去的地方。"

　　是的，这就是本性。不管你叫它什么，本能、本性、潜意识，都是一个意思，就是躲在我们生命底部的那个"家伙"。对那些名词你可能有些陌生，但如果有人强迫你做你不想做的事，你必定会有逆反。为什么？因为你的本性受到了压抑；反过来，即使你做的事在别人看来没有意义，但是你很高兴、很开心，有释放心灵的感觉，那种时候，就说明你跟本性见面了，或者说，你的本性得到了上好的发挥。

　　爱默生对相信自己的本性说过这样一段话："我们的一切进步就像展现在我们面前的植物蓓蕾一样，你先有你的本性，后有观念，再有智慧；就像植物那样，先有根，后有花，再有果。虽然这些毫无道理可言，但归根结底，你要相信你自己的本性。"

　　今天，人之本性的开发已被提到议事日程上来，这个时候，认识本性，开发本性，让自己更好地听从本性，同时又不违背社会规范，实在是一件激动人心又有意义的事。因为我们只有一生，对自己的一生我们没有时间演练。如果我们活过一生，错过了自己的本性，压抑了自己的本性，终有一日，本性会在它绝望之巅跟我们作对，它要么变成身体毒

遇见觉知的自己

154

素，害我们患病；更有可能让我们变成自我伤害的种子，进而病态的种子又罚我们去做伤害亲人和朋友的惨事。

别以为非子在耸人听闻，没有，在我进行心理工作的十余年间，见过太多因为压抑本性而伤害他人的事，要么自哀自怜，要么自罚自虐，更多的当然是非要找一个替罪羊，让别人的痛苦平衡他的不幸，让别人的失落填补他的不快。然而到头来，最痛的那个人还是他自己，直到他撕心裂肺追悔莫及，等待他的已是时过境迁的荒凉，也有更多无法追回的懊悔。

人之本性之所以不大容易被认识，是因为在社会层面人格受到了更多的重视，而人格又因社会标准的强化，成为大多数人的行为规范，比如听话、要乖；比如不要标新立异，不能出格，不要异想天开等。不能一味地说听话不对，也不能说标新立异、出格、异想天开就对。因为，每一种集体规范都不可避免地包含了某种压抑倾向，一如每种特立独行的本性也含有一定的破坏性因素。

但不管怎么说，在人之本性的开发上，我们仍不能因为某些本性含有破坏性因素而忽略本性的存在，更不能因为本性带来的特立独行而否定它拥有的创造性潜能。就像一位企业家的坦白："胡思乱想才能有奇思妙想，胆大妄为才能有所作为。"

感谢时代，我们终于可以从干干净净的人性角度来理解这句话的含义了。如果你与你的父母，或者你们与你的孩子在如下这些"非规范"问题上发生了冲突，改变一下想法，没准未来的某个大师和伟人就诞生在你们或你们的孩子中间。

一、淳朴比才艺更重要

总有一天，当工业文明把一个发展中国家带往规范时，淳朴将成为每一个世界公民的基本品德，淳朴也将成为每一个成功企业最受用的名片。

2007年，一部名为《士兵突击》的电视剧震撼了全国。接下来，以《艺术人生》为首，多家媒体也展开了有关今天的人是否需要回归淳朴的讨论。

其实不用讨论，本剧的热播已经给出了答案；对许三多的喜爱，也一再印证了人们对淳朴的向往和追求。

这也是为什么，当年的《渴望》主人公会成为一代人的楷模了。那是因为，《渴望》给了他们认同的标杆，《渴望》让他们看到了自己的身影。

曾几何时，我们有了富足的姓名，却失落了自己的身影；我们陶醉于成功的荣耀，却脱离了淳朴的载重。更可悲的是，不光我们自己，我们把孩子也带进了名利场、功利圈，让年幼的孩子也失去了童真，让干净的童年也染指了功名。

其实名利并非坏事，但一定不能看重功名；想得第一也没有不对，但一定要有踏实的过程。而在还未成年时就满眼名利，实在有过功利之嫌；在还未破土时就拔苗助长，更有悖于自然规律。

冰心就说过这样的话，"要让孩子保持孩子的纯真，对孩子我们最好不要拔苗助长"。因为孩子就是孩子，孩子有自己的年龄、自己的喜好、自己的追求、自己的快乐。孩子应该待在自己的世界里，享受那份简单、那份纯然，以便他耕种纯真，培育纯真，让纯真成为他入世的督导，让淳朴成为他一生的底线。

很多人对纯真有误解，对淳朴也有偏见，他们认为纯真就是"无知"，淳朴就是"呆傻"。殊不知，正是在他们鄙夷的"无知"和"呆傻"里，涌动着人性的美德和宝贵。一旦挖掘出它们你才懂，原来我们渴望的毅力和坚持，正是仰仗于纯真的开发和淳朴的修为。

这就是"龟兔赛跑"中乌龟的精彩了，乌龟没有兔子的伶俐，却有自己的目标；乌龟没有兔子的精明，但有自己的坚持。而不管对人还是对事业，没有目标，就没有了追求；没有坚持，也到不了彼岸。

遇见 觉知的自己

156

但过程永远是第一位，过程永远重于结果，过程永远大于功名。这就是不抛弃、不放弃的内核了。不抛弃的是什么？是过程。不放弃的是什么？也是过程。而过程中的每一次痛苦、每个艰难，都需在淳朴的老实里完成它的升华和蜕变。

据说，美国人在对孩子的教育中有一条不成文的规定，即未成年的孩子不得参加大人的活动。为此，美国父母从不带孩子参加婚礼、派对等成年人的聚会，他们希望孩子能保持孩子的纯真，孩子能像孩子一样地成长。也许，正是基于他们对淳朴的厚望吧。

实际上，让孩子保持孩子的纯真，并非简单地让孩子快乐，而是在纯真里始终涌动着一个人的基本价值：爱、尊重、谦和、诚信。正是这些基本价值，让一个人在日后的奋斗中光明磊落，在复杂的成人世界能辨别真伪，出淤泥而不染。

也不要以为淳朴只是小孩子该有的品德，不，听听罗素对爱因斯坦的评价，你会对淳朴有更深的理解。

罗素于 1943 年迁居普林斯顿，与在普林斯顿高等研究院工作的爱因斯坦有了更多接触，关于爱因斯坦，他写道：

"我认为，爱因斯坦的立场是同他的道德品质紧密相连的。对爱因斯坦来说，考虑个人价值，正如轻视旁人一样，始终是与他无缘的。"在赞美爱因斯坦毫无虚荣心、毫无冷漠、毫无恶意、毫无优越感的品德时，罗素接着说："与爱因斯坦交往，可以得到异乎寻常的满足，他虽然很有天才，满载荣誉，却保持着绝对的淳朴，没有丝毫的优越感……他不仅是一个伟大的科学家，他还是一个伟大的人。"

是的，这就是淳朴：淳朴无视功名，淳朴不屑桂冠；淳朴在谦逊中无我，又在无我中圆满。正因为无我的淳朴又干净，淳朴中的作为才无欲无私；正因为淳朴的无我简单又简单，淳朴中的业绩才堪称大业。

归根结底，上到国家和企业，小到公司和家庭，一代又一代的进步，正是仰仗于年轻人的素质。而在年轻人的素质中，有纯真的基石，才有干净的品德；有淳朴的准绳，才有踏实的奋斗。

不管当下的世界怎么样，总有一天，当工业文明把一个发展中国家带往规范时，淳朴将成为每一个世界公民的基本品德，淳朴也将成为每一个成功企业最受用的名片。

二、平等比听话更重要

对于一个好孩子，听话并非完全受用；相反，给孩子平等的爱，让孩子从一开始就感受到做人的庄重，那才是孩子的幸福和父母的智慧。

回忆童年，在被问及那时候父母对我们最大的期望是什么时，很多人这样回答："我小的时候，父母对我最大的希望就是，让我做一个听话的好孩子。"

没错——听话，这是几代人对于好孩子的记忆，也是他们努力修为的标准。然而在日后的现实里，有不少听话的好孩子，他们并没有得到期许的幸福，甚至都未能获得一个成年人应有的本领。

事实是，因为听话，他们关闭了自己的思想；因为听话，他们丢掉了自己的兴趣；因为听话，他们习惯了衣来伸手、饭来张口；因为听话，他们迈过成长的坎坷，让潜能闲置，让想象停飞。

结果，走入社会后，竞争的惨烈让他们慌乱，技能的操练让他们羞愧，同学的进步让他们自惭，同事的奚落让他们自卑。他们就是这样，因着童年的舒适，耽搁了成年的技能；因着童年的听话，失去了成熟的心态。

正好应了那句话，在一个无所不有的世界，他们做了一个一无所能的低能儿。

而所有这一切，在本质上的确应该归咎于父母：因为父母爱过了头，孩子反而不想长大；因为父母太严厉，孩子不能不乖顺；因为父母太强大，孩子乐得永远"弱小"；因为父母太权威，孩子终于成了父母

遇见 觉知的自己

158

的"玩物"。

由此可见，对于一个好孩子，听话并非完全受用；相反，给孩子平等的爱，让孩子从一开始就感受到做人的庄重，那才是孩子的幸福和父母的智慧。

前面讲过，要让孩子像孩子一样地成长，这是对的。然而正因为这样，孩子才需要逐步感受做人的庄重，以便在心里种下人性的种子，以便他日后也能用人性的准则去对待他人，相处社会。

这就是我们常说的，孩子是一张白纸，他能否成就一张美丽的图画，在一开始的确有赖于父母或与孩子最亲近的人。加上孩子从来不听大人怎么说，孩子看大人怎么做，也因此孩子对大人说什么常不以为然，但大人做什么以及怎么做，反倒会成为孩子日后的参照和标准。

这也是为什么，对孩子来说，身教比言教更重要了。作为父母，如果你只是说得好，做得不好，孩子不大会买你的账，或者他日后也会和你一样做个两面派；只有你不但说得好也做得好，你的言行才有可能鞭策孩子，成为孩子日后的样板。

有父母认为，对一个小孩子讲平等，那简直是父母的失尊和跌份。但实际上，真正的尊严并不在称呼，而是在孩子对你的认同和尊敬。孩子发自内心地尊敬父母，那样的父母才有面子；让孩子迫于压力假装听话，那样的父母才真的跌份，没有尊严。

有这样一个故事：

良宽禅师终生修行参禅，从没有松懈过一天。他的品行远近闻名，人人敬佩。

当他年老的时候，从家乡传来一个消息，说禅师的外甥不务正业，吃喝嫖赌，五毒俱全，几乎倾尽了家里的财产，而且还时常为害乡里，家乡父老都希望这位禅师舅舅能大发慈悲，教教外甥，劝他回头是岸，重新做人。

良宽禅师听到消息，不顾自己年事已高，风雨兼程，走了三天的路，以最快的行程回到家里。

良宽禅师终于和多年不见的外甥见面了。这位外甥久闻舅舅的大名，心想可以在狐朋狗友面前吹嘘一番，因此也非常高兴与舅舅相聚，并特意留舅舅在家里过夜。

家人当然更高兴，心想：这下这位禅师舅舅可以好好地说道说道这个外甥了。外甥却想：要是他真敢说教我，我可要好好捉弄他一下，日后也可以在朋友面前摆谱。

出乎意料的是，良宽禅师在俗家床上只管打坐，坐了一夜，什么也没有说。外甥不知舅舅葫芦里卖的什么药，惴惴不安地挨到了天亮。禅师睁开眼，要穿草鞋。他弯下腰，又直起腰，不经意地回头对外甥说："我想我真的是老了，两手发抖，穿鞋都很困难，可否请你帮忙把我的鞋带系上？"

外甥高兴地照办了，良宽禅师慈祥地说："谢谢你了，年轻真好啊！你看，人老的时候，就什么能力都没有了，不像年轻的时候，想做什么就做什么。你要好好保重自己，趁年轻的时候把人做好，把事业基础打好，不然等到老了，可就什么都来不及了！"

禅师说完话后，掉头就走，对外甥的任何非法行为，只字未提。

但从那天以后，禅师的外甥再也没有去花天酒地，他改邪归正，努力工作，就像变了一个人。

不知你听了这个故事有什么想法，很多人听完这个故事，一股敬重暖到心里。如果你也为人父母，在禅师面前，想必你不会没有愧疚；如果你还是一个孩子，你一定会暗自思忖，多希望自己的父母也能有这样的平等和朴实。

这可真算是此处无声胜有声，此处无言胜大训了：没有家长的权威，只有人性的感怀；没有教育的警言，只有自嘲的感慨。这才堪称沉默是金呢，这样一份无言的沉默，它的无言胜过说教。这样一块沉甸甸的金，它包含了一个人平等的尊严与待人的真挚。

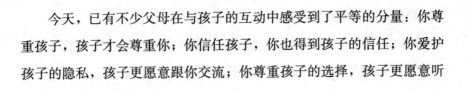

今天，已有不少父母在与孩子的互动中感受到了平等的分量：你尊重孩子，孩子才会尊重你；你信任孩子，你也得到孩子的信任；你爱护孩子的隐私，孩子更愿意跟你交流；你尊重孩子的选择，孩子更愿意听你的意见。

而不管是对孩子还是对父母，让我们共同聆听真理、服从真理吧，这样的平等才能给孩子分寸，让他懂尊重，又懂谦虚；这样的听话才能给孩子力量，让他有原则，又有真诚。

三、兴趣比分数更重要

很多时候，正是在家长们训斥的"旁门左道"里，跳动着未来大家们的潜能和生龙活虎的创意也未可知。

电视剧《人到四十》一开场，王志文就得了不治之症。接下来，不管对友人还是对自己，王志文说得最由衷的一句话就是：你就让我做我自己想做的事。

是啊，做自己想做的事。

乍听这句话，很少有人会激动。仔细一琢磨，很少有人不感慨。那是因为，在这句普通得不能再普通的话里，饱含了人之称为人的多少辛酸和多少无奈。

回忆自己的少年时，曾经有不少孩子受过这样的训斥：你瞧瞧你，你就专门对这种旁门左道有兴趣，可功课呢，作业呢，有能耐你也考俩100分来证明你自己！！！

这里家长所说的 100 分，其实不过是缺少活力的标准答案在大人们脑子里形成的一个近乎空洞的成功概念。这个概念在家长的头脑里根深蒂固，以至于如果他的孩子是个百分学生，父母连同亲朋好友都会为他骄傲；如果不是，或者还更糟糕，不但家长脸上无光，孩子还有可能成为家长们的替罪羊或出气筒。

　　此处笔者并非否认分数的重要性，只想强调，分数对孩子来说不应该只是一个结果，它更该是一个过程。孩子得 100 分不光因为他想取得好成绩，而是因为他喜欢那门功课，他从中找到了自己的兴趣，或者即使那不是他的主要兴趣，他也认同那门功课，知道学好这门课对他的将来有好处。

　　只有这样，只有把分数融入孩子的学习过程，分数才有意义；或者说，分数只有在孩子的心智得以开发，又与孩子的兴趣齐头并进时，它才有价值。

　　反之，一味地追求分数，成绩至上，这样的观念只会压抑孩子，埋没孩子，让孩子背上不该有的心理负重。

　　说到底，每个人到世界上来都有使命，同样，每个孩子到世界上来也有他自己的潜能和兴趣。但就因为他是孩子，他的兴趣常常遭到大人的鄙夷和忽视。殊不知，很多时候，正是在家长们训斥的"旁门左道"里，跳动着未来大家们的潜能和生龙活虎的创意也未可知。

　　不是吗？

　　看看这些不同凡响的成功人士：爱迪生、爱因斯坦、比尔·盖茨、乔布斯，这些人，没有一个是在分数里鞠躬尽瘁的；相反，他们关注的不是分数，是兴趣。他们聆听兴趣，发现兴趣，执着于兴趣，享受兴趣，进而他们又开发兴趣，研究兴趣，深入兴趣，牵手兴趣。

　　正好应了乔布斯的话："我之所以一直坚持我所做的事情，唯一的理由就是，我热爱它。"

　　是的，只有兴趣能激发热爱，除了兴趣，在人的自发层面再没有任何东西能撼动热爱，更别提激发它。热爱是一个充满激情的孩子，而且这个孩子不管在多苦多难的情况下都不会放弃激情，不抛弃，不放弃，只要让他发挥兴趣。因为对他来说兴趣就是火种，是命根，是灵性，是智慧。

遇见
觉知的
自己

换句话说，整体赐予人兴趣，就因为整体看到了"那人"的潜能，整体把灵性的火种放在兴趣里，希望有一天，那人能点燃火种造福人类，造福社会。与此同时，整体也赋予你滚烫的激情，而激情也确实不辱使命，在你孤注一掷的奋斗中，激情做了你的号角，你的太阳，你的月光，你永远的守护神。

难怪尼采说："人要知道自己为什么受苦，他就能忍受一切苦难。"而在尼采所说的苦难中，为兴趣吃苦是最甜也是最美的一种。

曾有一位母亲对非子说："我们这代人和我们以上的多少代人，绝大多数都没能脱离为吃穿而劳作的命运，从我的孩子开始，我要让她明白，做她自己想做的事，那才是一个人该有的命运。"

非子认同这位母亲的觉悟，也庆幸现在的孩子生在了一个包容的时代。当然，不见得每个开发兴趣的孩子将来都能成名，而且成为名人也不该是成功的终极标准。但至少，兴趣让孩子度过了一个只属于他自己的童年，在他与兴趣的游戏里，他焕发出对生活的热爱，也练就了他自信的张力和自主的心态。

在非子的读者里，曾有一位优秀的牙医，她说，她小时候最开心的事，就是拿着一颗自制的假牙，在上面随意雕刻，倾心治疗。还有一个做布艺的女孩，她说她每回在布匹中穿梭时，从来不觉得那是花布，而是一大片花草的世界。这些女孩子都是兴趣的主人，她们没有想成功，也没想过成名，但在她们喜欢的事情里，她们用兴趣点缀了青春，用爱好充实了自己。

实际上，对每一个人来说，只要你做了你想做的事，并竭尽全力，那就是成功了，而且这样的工作足以被事业冠名。

四、实践比想象更重要

正因为失败和成功在整体的分派里各司其职，各有使命，因此当一个有觉知的人从整体角度瞥见全局时，失败就成了别样的景色、别样的风采。

众所周知，想象力——是人和动物的一个重要区别，不管人类本身还是人类社会，正因为有了想象力，才呈现出远远高于动物的缤纷绚丽和多姿多彩。

当然，从本质上说，地球今日之精彩的确是想象力的硕果，然除了想象力，还有一样东西比想象力更重要，那就是能够把想象力变为现实的实践。

然而，实践理想的路远非一帆风顺。由于人的不同，素质不同，背景不同，动机不同，很多人在这一过程中都未能走向对理想的实践，而仅仅停留在了幻想理想阶段。

但如果没有信念得以存活的实践，信念本身就失去了支撑，理想也会无的放矢。

往往，抵触实践的人并非害怕实践本身，他们怕的是实践后的失败。因为人有害怕失败的秉性，所以害怕失败，就容易成为理想者的推诿和口实。也因此要能在观念上改变对失败的看法，失败的压力就会减小，实践也会成为理想者自然的步履和选择。这方面，爱迪生的榜样不可忽略。

托马斯·阿尔瓦·爱迪生是举世公认的科学家和发明家，他对全球的影响举足轻重，他一生都在用科学的方法为人类谋幸福，他的每一项发明都与人类的生活密切相关。因此可以说，在为人类谋幸福的征程上，爱迪生把自己的实践精神发挥到了极致。

爱迪生一生的发明创造约有 2000 项，在专利局登记的就有 1328 种，平均每 15 天就有一项发明。以 1882 年的发明来计算，平均每两天半多一点的时间，就会有一种新的发明横空出世。

爱迪生何以能在科学领域如此杰出、高产？与其说他聪明、勤奋、善动脑筋，不如说这位电学天才最大的优点就是勇于实践，不怕失败。

以蓄电池的发明为例，爱迪生用了 5 个多月的时间，实验了 9000 多种材料，还是不成。当时有朋友们问他："你做了那么多实验，都没有结果，浪费了你宝贵的精力和时间，你不后悔吗？"爱迪生听后笑着回答："有什么好后悔的，现在知道有那么多种物质是不能用的，不也是一种结果吗？"

知道有那么多种物质不能用，也是一种结果。这话听上去平常，却饱含了无限的智慧。它代表了一种积极的思维方式，也即想法中的正能量，就是觉知。

您想啊，面对偌大的宇宙，有哪个人敢说自己知道了全部？有哪个失败里没有成功，成功里没有失败？有哪个有创新精神的人把他的理想付诸实践时不是在摸着石头过河？有哪一个登山者敢说他不经历磨难就能登上山顶？

这么一想，失败就不是消极了，相反，在一个有觉知的人看来，失败和成功有同样的意义和价值。没有失败就没有成功，只有成功注定会失败。正因为失败和成功在整体的分派里各司其职，各有使命，因此当一个有觉知的人从整体角度瞥见全局时，失败就成了别样的景色、别样的风采。

如果你的理想是致力于人类幸福，如果你的每一次失败都能被看作是一个积极的结果和宝贵的经验，试想，失败还有什么可怕呢？如果你不怕失败，实践还有阻力吗？到那时，所有的实践都成了游戏，它充满了诱惑，更充满挑战。

这就是梦想成真的途径——实践，每一个梦想都需要经历实践才能实现和完成。革命的理想需要实践，科学家的梦想需要实践，每一个梦想的成功都需要实践。

世界上有多少人曾有过异想天开的梦想，到头来总是少数人梦想成真。为什么？因为梦想离不开实践，而通往实践的路总会因梦想家的短视被阻拦或搁浅。建筑家不可能只有图纸而没有建房的实施，小说家不能只有梦想而没有爬格子的劳动。一如诺帕特·威那尔的结论："当科学家动手解决一个确有答案的难题时，他的整个态度就改变了，通过实践，他已经找到了一半的答案。"

如果在教育中能教给孩子更多元的对学习的理解，从兴趣出发，从实践入手，恐怕更能提高孩子的学习质量，让他们从一开始就建立起学用结合的理念。

那样一来，以实践为标准，就算没得到好分数，孩子也不会气馁，他知道问题出在哪儿；即使得到了好分数，他也不会翘尾巴，他明白，在实践中，还会有新问题出现。而这种随时准备面对问题，解决问题的理性，就叫觉知。一旦孩子有了这份觉知就会发现，它的能量已超过学习本身，它深入到一个人的思行方式，让人从小就有了对问题的抗受力，也练就了一颗平常心。

据说在荷兰，几乎每一所中学都根据学生的不同兴趣开办了尽可能实用的实践课程，除音乐和绘画这些规范课程外，学校还设有烹饪班、商业班、编导班、工艺班等多种实践平台，以便同学们在校时就能找对理想，为理想实践。

这么做的好处，一来，很多同学在中学时代就确立了自己的兴趣指向和职业目标，在接下来的学习中，他们会集中精力去实现理想，攻克兴趣；二来，这些举措也大大消除了少年时代的迷惘，节省了孩子们的宝贵时间，让他们的生命变得更生龙活虎、更有意义。

许三多不是说过吗——什么是好好活？好好活就是做有意义的事。

那么好，每一个想好好活的少年从现在起就告诫自己，让理想放飞我，让实践实现我，就是有意义的事。

而当这样一个意义人生为父母所接受时，那就是父母的解脱，更是孩子们的幸运。

遇见**觉知的自己**

五、寻找比答案更重要

如果你在寻找的过程中也发现了自己的痴迷，盯紧它，别放过它，好好地倾听它，没准那里正长着你潜能的种子。

做过学生的人都有体会，对学生来说，答案有着特别的吸引，不管中考答案还是期考答案，不少学生对答案的关注胜过了学习。

一个 70 后的女孩告诉笔者，她上中学时，她们班曾有男生组织了一个秘密猜题小组，其任务就是猜测期考题，而后针对考题准备答案，以为这样就可以搞定分数和成绩。

关于这几个男生的命运，女孩没有说，笔者也没有问。因为实际上，一两次对答案的"手脚"，也许不至于影响当事者的命运。问题是，如果这样的行为只是一种"叛逆"或游戏，也就罢了；反过来，如果做这种事的同学陷入了一种依赖分数、依赖成绩的思维，那恐怕才是问题的根本。

当然不否认，是学生就会有分数，是正常学生就想要好分数。但不管分数在传统教育中多重要，连老师也不能不承认，分数并不代表学到的知识，成绩在本质上也不能代表学问。

对在校学生来说，寻找比答案更重要，也许同学们不理解；但要把同样的话说给告别校园的工作族听，他们会有更多的体会。

是的，寻找比答案更重要，绝不是因为寻找更刺激、更好玩，而是，一旦你养成了寻找的习惯，你将会走出每一个故步自封，让自己永远处在没有墨守成规的自由里。而要想获取知识，让书本知识变成你得心应手的技能，这种没有戒律的大自由、大自在还实在不可小觑。

对这种自由，爱因斯坦的评价很到位，他把它叫作"内在的自由"，并且认为："正是这种精神上的自由存在于独立的思想中，后者不受权力和社会偏见的限制，也不受一般的未经审视的常规和习俗的羁绊。这种内在的自由是大自然不可多得的恩赐，是个人值得努力的目标。"

在过一位赴美留学生的随笔中，讲了一件让她颇为感慨的事，有关他儿子写论文的经历。那时他儿子只有 10 岁，在美国的一所学校读小学三年级。

一个平常的周末，10 岁的小学生放学回家，给爸妈展示了他长达 30 页的语文作业——篇由他亲自撰写的有关中美文化比较的论文。

这位母亲看着孩子的习作惊呆了，她回忆起自己上三年级时的情景，那个年龄的人就不要说做论文了，就连做作文，很多孩子还都是磕磕绊绊、词不达意呢。

接下来孩子给父母讲了他习作的过程，先是老师出题目，要求放开想象大胆地写，字数不限。而后就是学生们直奔图书馆，在资料和书籍里寻找答案。不久，当一篇带有标题的论文落笔时，这个小学生认为，自己对中美文化的特点已经有了一个大概的了解。

试想一下，如果我们的三年级小学生也能这样地去寻找、去学习，遨游一个有着五千年文明的大国，对这些小孩子该是多么神奇的经历呀！

这就是寻找的好处，寻找让你放开想象，冲破一切墨守成规；寻找让你开阔眼界，在你寻找的同时，更多的相关知识也进入了你的脑海；寻找答案和组织答案的过程，又练就了你的综合本领和选择技能；不断地寻找还培养了你对知识的敏感，增强了你探索的自信。

而寻找比答案更重要，正是在于，寻找本身就包含了创造，也为寻找者提供了一种创造性思维。这颇有点像小孩子玩过的捉迷藏游戏，当对方藏起来的时候，你要找到对方，你就得开动脑筋；不光你要动脑筋，因为参与游戏的还有别的伙伴，你要捷足先登，你还得善于动活脑筋，以便你的游戏达到相对的完美。

因为性格不同，素质不同，不同的同学，他寻找答案的过程也不尽

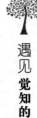
遇见觉知的自己

相同。以写论文为例：有人对素材感兴趣，有人对辞藻感兴趣，有人感兴趣的是结构，有人则喜欢发挥。往往，对素材感兴趣的人，他的趣味性比较广博；对辞藻感兴趣的人，他多少有点完美主义；对结构感兴趣的人，他也许更偏重理性思考；而喜欢发挥的人呢，他有更丰富的想象力也说不定。

读到这里你就要注意了，不管你是家长或是学生本人，只要你是个有心人，你想尽快地发现自己的兴趣，你从第一次寻找中就能发现自己的秘密。

这跟女孩子的恋爱有点相似。女孩子恋爱，如果她总在几个男孩中相互比较，说明她谁也不爱；如果她真的爱上了一个人，她就会感觉"那个人"是唯一；不管在她面前有多少个异性，"他"是她看见的唯一的一位。这就是爱，这就是喜欢，这就是兴趣，而一个人对自己喜欢的事物，最初的感觉也是这个样子。

没有理由，没有道理，你的眼睛就是离不开它，你对它就是一门心思。如果你在寻找的过程中也发现了自己的痴迷，盯紧它，别放过它，好好地倾听它，没准那里正长着你潜能的种子。

这也是为什么，不管是高分还是低分，对那些大师级能人根本就无所谓了，因为他们心里正燃烧着一颗潜能的种子，那颗种子在呼唤着它主人的建树和创新，那颗种子是整体播撒在他们心里的天赋，一旦机缘成熟，心里的天赋就破土而出，它将倾尽全部活力，在它主人所在的世界里尽情发挥。

每一个创造性思维，都离不开自由的土壤；每一个改变世界的想法，都无法受到常规势力的阻碍。

而不管哪个社会要进步，都需要这样一批世界公民、自由的战士，他们也许没有遵守小纪律，他们贡献出自己的大思维；他们的行为也许有些怪诞和另类，他们最终在自己的作品里把自己的荒诞变成了合理。

而这样的创造者，一定诞生在儿时的寻找中。

169

第七章 成功觉知：思想领先，想法取胜

社会就是这样，强者制胜，捷足先登；竞争也是这样，先声夺人，想法取胜。你没有制胜的想法，就算你抱上了金子，你也会丢失；你有了制胜的想法，即使人家给你的是垃圾，你也能变废为宝。

不知从何日起，"成功"一词登上了人的心理宝柜。每个人都有一个心理宝柜，里面摆放着对人最具诱惑力的渴望和期待，比如成功，比如幸福，比如快乐。而在这三项期待里，成功通常被摆在了首位。因为多数人认为，得先有成功，才能有幸福和快乐。殊不知，在你深感幸福和快乐时，你已经拥有了成功的心态。

是的，成功的本质就是成功的心态。成功并不是人们看到那种万人追捧的骄傲和五光十色的光环，虽然在很多人心里那就是成功，成功就该是那个样子，但那不过是成功的外衣，那件外衣对成功者来说并不代表他们的本质，他们的本质就是成功的心态——知足于物质享乐，不满足心灵追求，聆听直觉，坚守目标，对他人心怀感激，对自己永不放弃。

有了这样的心态，即使你没有功名，你仍然是一个成功者；没有这样的心态，即使你戴上了成功的桂冠，你心里有背人的纠结也说不定。

这也是为什么，就算到了老年洛克菲勒也敢说："即使你把我扔回沙漠，我还能成为一个石油大王。"成功企业家刘永好也说过同样的话："即使有一天我什么钱都没有了，我也不怕。我还可以当农民，还可以一步步从头做起。"

这就是一个成功者，也是一个成功者的心态。而对每一位成功者来说，他的成功固然炫耀，他成功的心态更是弥足珍贵。这就是顾拜旦那句箴言的深意了，"一生中重要的不是成功，而是努力"。因为当你努力时，你就等于开启了你内在的成功机制。一旦你打开了你的成功机制，不用你惦记成功，成功已经成了你的朋友。

因为他们明白，思想是种子，想法造就了每一个人，想法也造就了每一位成功者。此处把成功者本质的想法总结出来，提升为觉知，就是想告诉你，成功的第一步并不在你掌握了多少书本知识，而在于你是否打开了你的成功机制。要知道，整体在造人时，给每人体内都安放了一个成功机制，只不过，多数人囿于习惯性的观念和想法，从一开始就关闭了他的成功机制。所以，阻碍你成功的不是别人，是你自己，是你固有的旧思想、旧观念。

要想打开成功机制，就要一脚踢开阻碍你聆听直觉的旧思想、旧观念，踢开一切"我不行，我不可能，我没有，我不会，我不敢"的否定情结，用"我行，我能，我有，我会，我敢"的肯定情结来代替你有过的否定情结。然后静下心来，再次聆听你的内心，你就会听到一个声音，那个声音对你说："你说得对，我行，我能行，我一定行，我一定有，我知道我想要的时候就已经知道了我一定有。"听到这些，你就把这些想法变成行动，接下来再看，你的生活已经发生了质的改变。

可以说，世界上每一位成功者都是这样想问题的，这就是成功者看待世界的方式。不管他们的起点有多低，也不管他们的经历有多难，聆听直觉，付诸行动；再聆听直觉，再付诸行动；再聆听直觉，再付诸行动。直到成功，关于直觉和行动的互动从未停止，直到缔造的成功变为传奇，化作永恒。

从这个意义上说，用觉知来形容成功者通往成功的觉醒，也许比经验和秘诀更准确。因为，经验和秘诀多半来自于后天的经历；觉知却是更多地来自于一个人的直觉和潜意识。而当一个人的显意识和潜意识相遇并牵手后，艺术就诞生了，根植于艺术和谐的成功者也应运而生。

从苏格拉底到甘地，从林肯到马丁·路德·金，从爱迪生到爱因斯坦，从卓别林到列侬，从罗丹到毕加索……他们不仅是所在时代的成功者，也因自己创造的事物和代表的精神而成为后世的偶像和楷模。

不说远去的故人，就说乔布斯。

与其说乔布斯是传奇的缔造者，不如说他本人就是一个传奇。他19岁从大学辍学，以个人电脑起家并大获成功；他创办了Pixar动画影片工作室，制作了《玩具总动员》等风靡全球的动画影片；他看准音乐播放器的市场空间，为这个小家电注入了前所未有的价值，掀开了苹果时代的大幕；他视电子产品为艺术品，把一种"简"风格注入外形与操作系统中，形成了不可复制的品牌象征；他抢占手机市场，使苹果手机一时成为流行时尚的风向标……

2011年10月5日，史蒂夫·乔布斯逝世，享年56岁。对于苹果公司来说，这是一个时代的终结，这个不安于现状、扬言"活着就要改变世界"的男人走完了他无时无刻不在挑战的人生。他的确改变了世界，甚至改变了我们每个人看待世界的态度和方式。

乔布斯是离我们最近的一位成功者，也是科技行业唯一一个时尚品牌的创始人。他浓厚的艺术气息和严谨的科学态度让朋友叫好也让对手称奇，他桀骜不驯的性格和残酷的完美主义让太多人受苦也让更多人受惠，他敏锐的直觉和参透世事的洞察力让人敬佩也让人迷惑，他非黑即白的绝对意识和强悍的意念化管理虽然"霸道"，却打造出一只传世的团队。他的人文理想和美学理想成为我们未来成功者的榜样和指引。

下面我们来看看，如果你想成功，应该在哪些方面有所觉知。

一、做你自己，听从直觉

做一个真正的企业家，单纯企业人的才华就不够了，他还得兼顾思

遇见
觉知的自己

想家、艺术家和军事家的才干。

说"做自己"，大家能接受了；说"听从直觉"，大家也能理解。但不管是做自己还是听直觉，在多数人看来，那仍是艺术家或者是搞艺术的人的事。对一个参加大奖赛的演员，你来一句："别怕，做你自己！"他必定特受用；对一个还未有过作品的编剧，你来一句："别听别人的，听你的直觉！"他也会特给力。但同样的话要说给一个企业管理者听，他也许会莫名其妙：做自己？我没做别人呀！听我的直觉？那怎么行？我怎么能只听自己的感觉呢？我得听消费者的感觉才对呀！

这就是传统企业人，也是一个传统企业人的成功理念：他得有上好的人脉，他得勇于创新，他得有脚踏实地的精神，他得有带领大家往前走的智慧。这些都没错。然而从直觉里迸发出来的准则和你从习俗里承袭的观念，却有着本质的不同：

直觉坚守的人脉以产品为目标，人际得服从产品；习俗观念里的人脉多以人情为基准，产品质量放在了第二位。

直觉里的创新讲究创造者引领潮流；习俗观念里的创新让自己听凭消费者的指引。

直觉里的脚踏实地追求完美的细节；习俗观念里的脚踏实地仅只追求老实和肯干。

直觉里的智慧来自于创造者深入骨髓的人文精神与他得以把这种人文精神变成产品风格的激情；习俗观念里的智慧仍是来自于技术层面的多思和聪慧。

爱因斯坦的名字你一定不陌生，他是 20 世纪最伟大的科学家和思想家之一。但非子要告诉你，爱因斯坦所做的一切基本上都是出自于他的本性，你也许会奇怪。没错，爱因斯坦不但是一位伟大的科学家，他还是一个伟大的人，而他的伟大之处，正是来自于他天性的淳朴与聪慧，也就是说，他一生中伟大的建树是相对论和广义相对论，但他最伟大的建树却根植于本性的淳朴与直觉。

爱因斯坦的直觉，早在他还是一个孩子的时候萌发了。在他的《自述》里，他讲了这样一件事。那是他上学的前一天，他病了，本来就沉静的孩子，这时就像一只受伤的小猫，坐在屋子里一动不动，这时父亲拿来一只罗盘给儿子解闷。爱因斯坦手捧罗盘，轻轻地摇动，却发现罗盘里的指针不管你怎么晃动总是顽强地指着北边。正是罗盘的这股"执着"，让小爱因斯坦对科学有了特别的钟爱。就像他在《自述》里说的："我想一定有什么东西深深地隐藏在事情的后面。"

1953 年 3 月 14 日，爱因斯坦在他 74 岁生日前举行了一个简短的记者招待会。会上他收到一份书面问题单，单子上的第一个问题就是："听说你在 5 岁时，由于一只指南针，12 岁时由于一本欧几里得几何学而受到了决定性影响，这些东西对你一生的工作果真有过影响吗？"

对这一问题，爱因斯坦做了肯定的答复说："我自己是这样想的，我相信这些外界事物对我的发展是有重大影响的。"

接下来，科学家的回答就更有趣了："但是人很少洞察到他自己内心所发生的事情。当一只小狗看到指南针时，它可能没有类似的影响。对许多小孩子来说也是如此。事实上，决定一个人特殊反应的究竟是什么呢？在这个问题上，人们可以设想各种或多或少能够说得通的理论，但绝不会找到真正的答案。"

为什么爱因斯坦说"找不到真正的答案"，而那个"真正的答案"又在哪里呢？

在他的《自画像》里，爱因斯坦给出了答案："对于一个人自身的存在，何者是有意义的，他自己并不知道，并且，这一点也不应该打扰他人。一条鱼能对它终生畅游的水知道什么？苦难也罢，甜蜜也罢，都来自外界，而坚毅却来自于内部，来自一个人自身的努力。在很大程度上，我都是受到我本性的驱使去做事情……"

研究爱因斯坦的成功路，上面的小细节可以被看作爱因斯坦成为大家的一个基本点。如果爱因斯坦在以后的日子里不再坚守这个基本点，也许不会有他后来的成功，但他坚守了这个基本点，不但年轻时坚守，直到生命的最后一刻他仍在坚守这个基本点，所以才有了他对人类和宇宙的大贡献，也才有了爱因斯坦这个伟大的科学家和一个伟大的人。

这点乔布斯也有相似之处。喜爱乔布斯的读者都知道，乔布斯有过退学的经历，但他退学并不是想真的离开里德学院，而是他不想再去上那些引不起他兴趣的课程。而乔布斯也够幸运，他的"叛逆"得到了教导主任的理解。这位教导主任说到乔布斯时给出这样的评价："他拒绝不动脑筋地接受事实，任何事情他都要亲自检验。"

对于直觉，乔布斯也说道："直觉是非常强大的，在我看来比思想更加强大，直觉对我的工作有很大的影响。如果你坐下来静静观察，你就会发觉自己的心灵有多焦躁。如果你想平静下来，那情况只会更糟，但是时间久了之后总会平静下来，心里就会有空间让你聆听更微妙的东西——这时候你的直觉就开始发展，你看事情就会更加透彻，也更能感受现实的环境。你的心灵逐渐平静下来，你的视界会极大地延伸。你能看到之前看不到的东西，这是一种修行，你必须不断练习。"

把直觉作为一种体验来谈论，可以很理智。但当一个人在很大程度上听凭直觉来做事时，直觉也会带来由性格生成的霸道和任性，这也是事实（这点下面会讲解）。但仍不能否认，直觉给人的灵感和力量，在某些方面又是理性追不上和做不到的，而且，如果你的基本点是本性，是直觉，那么在事情的每一步走向上，都会与理性选择的结果发生质的差别。这也是某些同类成功者的差别：一个是艺术家，一个是劳模；一个是创造者，一个是工匠；一个是企业家，一个是企业人。

没错，想当"家"不容易，不是什么人都能当"家"的，要当"家"且又当"大家"，你就得有带领别人的智慧，还得有洞悉潮流的远见。一个普通的企业人，大都有带领他人的智慧，但只有一个堪称企业家的思想者，才能有洞悉潮流的远见，而往往，在竞争的最初回合，一个企业人与企业家可能不分胜负，但只要再拼几个回合，没有洞见的企业人就会感到力不从心，或败下阵来。

为什么？因为他没有统观全局的思考，他也没有统观全局的布阵，他对整体的变化缺少心知肚明，更没有来自于直觉的创新，而这后两点，显然已经超出了一个普通企业人的常识。他一定要是个企业家，才会有高瞻远瞩、不断变革的气派。由此可见，做一个真正的企业家，单纯企业人的才华就不够了，他还得兼顾思想家、艺术家和军事家的才干。

二、用艺术激情去拥抱科学

只有激情能让你不怕困难，一路高歌；只有激情能让你在哪怕全世界都反对你的情况下，仍能以干净的心态感激他人，坚守自我。

艺术和科学本来就是双生子，这在很多伟大的科学家身上都有印证：文艺复兴时期的达·芬奇和米开朗基罗，两人同是艺术家，也都是科学家；思想家罗素是数学家，他还是一位小说家；我国的科学家钱学森，他不但是科学家，也是古典歌剧的爱好者，而且对音乐的喜爱伴随他终生，因为钱老的爱人蒋英就曾是一名歌唱家；爱因斯坦和音乐的缘分就更微妙了，说起"他俩"的故事，至今人们都不会忘记一幅漫画，漫画上爱因斯坦的脸被画成一把小提琴，琴弦上既有音符，还有那个著名的物理公式 $E=mc^2$。

而对于音乐与科学的关系，爱因斯坦也在他的《论科学》一文中给出了切身的体会：

"音乐和物理学领域中的研究工作在起源上是不同的，可是被共同的目标联系着，这就是对表达未知东西的渴望。它们的反应是不同的，可它们又相互补充着。至于艺术上和科学上的创造，我完全同意叔本华的意见，认为摆脱日常生活的单调乏味和在这个充满着由我们创造的形象的世界中寻找避难所的愿望，才是它们的最强有力的动机。这个世界可以由音乐的音符组成，也可以由数据的公式组成。我们试图创造合理的世界图像，使我们在那里面就像在家里一样，并且可以获得我们在日常生活中不能达到的安宁。"

然而因着工作性质的不同，爱因斯坦感悟到的艺术，在想象力层面更胜一筹。但实际上，艺术最根底的能量，它如火如荼的生命力和由这种生命力所激发出来的创造，才是艺术被喜爱、被需要，以至于恒久不衰的终极因素。

关于这个因素，罗洛梅早有见地，他说："原始生命力只邀请艺术与其共舞，其他行业是没有这个福分的。"是的，罗洛梅说得一点也没有错，即使在技术横行、技术当道的当下，技术仍拿不住艺术，它奈何不了艺术的激情，只要艺术冲将上来，再高端的技术也不是艺术的对手。

这就是为什么，人不可能变成机器，人也离不开艺术了。因为在艺术里始终涌动着一股原始生命力，那是人类的原始本能，虽然它不肯邀请其他行业与其共舞，但它仍然明白，艺术将成为那些人的代表；一旦文明把人的原始本能挤压到窒息，人一定会本能地反抗，让压抑的天性再次复苏，让冷酷的电子人躲开，给淳朴的"原始人"鞠躬、让步。

人向往自然，向往草木，向往淳朴，于是，就在人类回归家园的节骨眼上，出了一个乔布斯，以他无与伦比的艺术激情改变了世界，也改变了人们看待世界的方式。

乔布斯热爱艺术，他本身就具有浓厚的艺术气质，就像他自己说的：如果不和计算机打交道，他可能会在巴黎做一名诗人。

实际上，乔布斯在苹果上投注的热情，与艺术家对艺术的热爱毫无二致。而且严格说来，艺术和科学原本就是一条永恒的金带，这条金带根植于想象的泥土，金带的这头叫激情，金带的那头叫科学精神。结果就是我们看到的，当乔布斯把他的艺术激情用在电子人身上的时候，他

"残酷"的完美主义就成了他命定的追求。

乔布斯的父亲曾经教导过他，追求完美，意味着即便是别人看不到的地方，对其工艺也必须尽心尽力。

正是从父亲身上，乔布斯明白了，充满激情的工艺就是要确保即使是隐藏的部分也要做得很漂亮。这种理念最极端也最有说服力的例子之一，就是乔布斯会仔细地检查印刷电路板。电路板上的芯片和其他部件，深藏于麦金塔的内部，没有哪个用户会看到它，但乔布斯还是会从美学角度对它评判，比如："那个部分做得很漂亮。"或者，"这些存储芯片真难看，这些线靠得太近了。"

对这种苛求，有新手曾提出过异议说："只要机器能运行起来就行，没人会去看电路板的。"

但乔布斯仍然坚持自己的标准："我想要它尽可能好看一点儿，就算它是在机箱里面的。优秀的木匠不会用劣质木板去做柜子的背板，即使没有人会看到它。"

几年以后，在麦金塔上市后的一次访谈中，乔布斯再一次提到了当年父亲对他的教导："如果你是一个木匠，你要做一个漂亮的衣柜，你不会用胶合板做木板，虽然这一块是靠墙的，没有人会看见。但你知道它就在那儿，所以你会用一块漂亮的木头去做背板。如果你想晚上睡得安稳，就要保证外观和质量都要达到足够地好。"

就这样，乔布斯的完美主义尽管残酷，终究得到了回报。最后的设计方案敲定后，乔布斯把麦金塔团队的成员召集到一起，举行了一个仪式。他说："真正的艺术家会在作品上签上名字。"

于是他拿出一张绘图纸和一支三福笔，让所有人都签上自己的名字。这些签名被刻在了每一台麦金塔电脑的内部。除了维修电脑的人，没有人会看到这些名字，但团队里的每个成员都知道，那里有自己的名字；就如同每个人都知道，那里面的电路已经被设计得尽善尽美了。

乔布斯一个一个地叫大家的名字，请大家签名。等 45 个人都签完

遇见
觉知的自己

178

名后，他在图纸的正中间找到了一个位置，用小写字母潇洒地签上了自己的名字。然后他举起香槟，向大家祝贺。就在那一刻，队员们都有了一种神圣的感觉，觉得自己的成果就是艺术品。

这就是乔布斯，这就是乔布斯看待世界的方式，此方式充满了理想主义。但如果你是一个真正的企业家，你有高瞻远瞩的眼界，你一定会明白，除非你只想赚大钱，如果你还想要金钱以外的东西，并且你希望那种东西成为你永久的财富，那就请你相信，最终能成就你的还是饱含理想主义的激情和完美。

因为只有激情能让你不怕困难，一路高歌；只有激情能让你在哪怕全世界都反对你的情况下，仍能以干净的心态感激他人，坚守自我。就像乔布斯告诫年轻学子时说的：

"我可以非常肯定，如果我不被 Apple 开除，这其中一件事也不会发生。这个良药的味道实在是太苦了，但是我想病人需要这个药方。有些时候，生活会拿起一块砖头向你的脑袋上猛拍一下。不要失去信心，我很清楚，一直使我走下去的，就是我做的事令我无比钟爱。你需要去找你所爱的东西。对于工作是如此，对于你的爱人也是如此。你只有相信自己所做的是伟大的工作，你才能怡然自得。"

这就是艺术的态度，也是艺术的纯粹。因为艺术的真谛就是和谐与真挚，如果你心里也种下和谐与真挚的种子，仅只赚钱在你看来就不是动力了，那时你就会明白，单纯的纸票就是身外物，除非你把它变成有意义的事，进而通过发明创造，你继续改变世界，让更多的人和你一样，体会到实现自我的充实，让更多的人生活得更充实——而不只是更富裕——才是一个未来企业家该做的事。

不光是企业家，任何一个人，如果你能用艺术激情去拥抱你的工作，你将会找到一种全新的感受。这也是洛克菲勒对工作的看法，"工作是一种态度，他决定了我们快乐与否"。

接下来洛克菲勒举出实例：同样是石匠，同样在雕塑石像，如果你问他们，你在这里做什么，他们中的一个人可能会说："你看到了嘛，我正在凿石头，凿完我就可以回家了。"这种人永远视工作为惩罚，在他嘴里最常吐出的一个字是"累"。

另一个人可能会说："你看到了嘛，我正在做雕像。这是一份很辛苦的工作，但是酬劳很高，毕竟我有太太和四个孩子，他们需要温饱。"这种人永远视工作为负担，在他嘴里经常吐出的一句话就是"养家糊口"。

第三个人有可能会放下锤子，骄傲地指着石雕说："你看到了嘛，我正在做一件艺术品。"这种人永远以工作为荣，以工作为乐。在他嘴里经常吐出的一句话是"这个工作很有意义"。

最后洛克菲勒给出结论："如果你视工作为一种乐趣，人生就是天堂；如果你视工作是一种义务，人生就是地狱。"

用这句话去衡量乔布斯，乔布斯无疑是天堂里的人。正因为他奋斗在天堂里，他对自己的产品才会有那样的激情，且在那种激情下，完美主义就不是苛求了，那是他的理想，更是他生存的理由。

正好应了他那句感天动地的话："我的目的不是作为最富有的人而死去，而是每天晚上上床的时候，觉得自己和自己的团队干出了非凡的事业。"

三、先声夺人，捷足先登

不光对一个企业家，对任何一个想做事的人，想法都是种子。你有想法，处处有机遇；你没有想法，机遇来了你也是瞎子。

在《人间正道是沧桑》里，立青给林娥讲了一个故事：

很久以前，一位老先生养了一只狗熊。有一天狗熊病了，身上非常地不舒服。老先生很着急，于是精心配制了一些药，想让狗熊把药吃下去。可怎么才能让狗熊把药吃下去呢？老先生想了一个办法，他把药研成了碎末，把药末放到一张纸上，然后把狗熊的嘴掰开，正要把药往狗熊的嘴里吹呢，狗熊"噗"的一口气，一下子把药末全部吹到了老先生的脸上。

这就叫先声夺人，即用大的气势压倒对方，以取得胜利。立青给林娥讲这个故事，是想告诉林娥，共产党和国民党的斗争，就是先声夺人，狭路相逢勇者胜。当然，先声夺人不仅在两军作战中，在当下的竞争中也有同样的妙用。

比如在商务谈判中，买方和卖方同时谈价格，一般情况下都是买方问价，卖方出价，然后是买方讨价，卖方再还价。但如果作为买方的你事先摸清了卖方的底牌，一上来就报出你的最低价，这种违反常规的做法就会给对方一种先声夺人的气势，使你在未来的谈判中易于占主动。

这么做的好处，一来你的主动出击已经给对方一个措手不及；二来让对方在你的报价上讨价，往往比你在他的报价上讨价要有利得多。这时只要你坚持你的报价，即使对方讨价得手，他得到的仍有可能是你原本留给他的"回扣"。结果你与他既没有伤感情，你还落了个捷足先登，心想事成。

竞争中，能在谈判上先声夺人，以取得价格的优势当然是好事。但谁要在思想上先声夺人，或者说你把对方的想法据为己有，再变成产品，你就成了智慧的创造者，而上乘的产品，多半都是智慧的产物。

竞争需要智慧，竞争也需要勇气，特别在同行之间，又在彼此的秘密没有明确分界的情况下。那种时候，盗窃灵感是常有的事。因为在很多时候，一方的灵感之所以能被另一方偷盗，就因为这一方没有把那种想法当成灵感，是他自己的疏忽给了别人偷盗的机会和理由。

在苹果的发展史上，确有一次"伟大的艺术家窃取灵感"的事件。这件事发生在1972年12月的一天，乔布斯和同事们参观了施乐的技术成果。开始，乔布斯觉得他看到的并不是全部；几天后，他又得到了一次更加全面的展示。尽管在现场，有展示者对公司愿意把自己的科研成果拱手示人感到震惊，但某个人的异议并未能阻止展示的继续进行。

直到真正开始展示全部产品时，苹果的一群人都惊呆了……乔布斯后来回忆当时的感觉说："仿佛蒙在我眼睛的纱布被揭开了一样，我看到了计算机产业的未来。"

历时两个多小时的展示会结束后，乔布斯亲自开车，带着他的同事回到了苹果公司。路上他车开得很快，心跳得很快，嘴上说得也很快："就是它了!"他喊道，每一个字都铿锵有力，"我们要把它变成现实!"这是他一直以来寻找的突破点，现在他终于找到了灵感。

苹果公司对施乐的这次技术盗窃，有时被形容为工业史上最严重的抢劫行为之一。对此乔布斯并不否认，他还感到很骄傲。这时他引用了毕加索的话："毕加索不是说过吗：'好的艺术家只是照抄，而伟大的艺术家窃取灵感。'在窃取伟大的灵感方面，我们一直都是厚颜无耻的。"

对这件事乔布斯很坦率，也很真诚。有什么办法呢？社会就是这样，强者制胜，捷足先登；竞争也是这样，先声夺人，想法取胜。你没有制胜的想法，就算你抱上了金子，你也会丢失；你有了制胜的想法，即使人家给你的是垃圾，你也能变废为宝。

所以，不光对企业家，对任何一个想做事的人，想法都是种子。你有想法，处处有机遇；你没有想法，机遇来了你也是瞎子。

四、意念管理出奇迹

这就是意念力的作用。你也许无法用理性的道理去解释它，但它实实在在地存在于人的潜意识，只要你启动了它，它就可以使人成为超越意识、超越观念的超人。

即使乔布斯的团队不叫海盗，他的意念管理法也有了足够的海盗

遇见
觉知
的
自己

味。虽然这种管理不会一路畅通，但在创造初期，特别在新产品即将出炉的日子，这种海盗式的管理还真管用。

苹果创建初期，乔布斯几乎就是一个疯狂的人，不管是招募新人，还是平日工作，他都是按照自己的规则办事，从不按常理出牌：他感觉好的时候，就是好；他感觉不好的时候，怕就要坏事。总之，他不能接受任何违背自己意愿的事情发生。这样久而久之，同事们就送给他了一个短语："现实扭曲力场。"

"现实扭曲力场"是《星际迷航》中的一集"宇宙动物园"里的一个短语。在那一集里，外星人通过极致的精神力量建造了新世界。而现实扭曲力场，无疑就是外星人使用的极致精神力量。把这个短语送给乔布斯，也就是说，乔布斯的管理方式，也跟那些霸道的外星人一样，如出一辙。

有一件事，足以说明乔布斯的意念力有多强悍。

一天，乔布斯走进了麦金塔电脑操作系统的工程师的办公隔间。乔布斯抱怨说，开机启动的时间太长了。工程师马上解释，但乔布斯打断了他。他问道："如果能救人一命，你愿意让启动时间缩短10秒钟吗？"工程师说也许可以。于是乔布斯走到一块白板前开始演示："如果有500万人使用Mac，而每天开机都要多用10秒钟，那加起来每年就要浪费大约3亿分钟，而3亿分钟就相当于至少100个人的终身寿命。"

这番话让工程师十分震惊，几周过后，乔布斯再来看的时候，启动时间缩短了28秒。对此工程师颇为感慨，他说："乔布斯能看到宏观层面，从而激励别人工作。"

以后，乔布斯又提出了更极致的言论叫"当海盗，不要当海军"。他想以此给他的团队注入叛逆精神，让他们像侠盗一样行事，既为自己的工作感到自豪，又愿意去窃取别人的灵感。

为此他提出了这样的口号："永不妥协"，旨在告诉他的团队"即使错过了上帝，也不能粗制滥造"。与此同时，为防止有人消极怠工，他又加了一句："直到上市，产品才能算是完成。"

还有一个口号："过程就是奖励"，以此来强调，他的团队是一支有着使命感的团队，这支使命团队不怕一切困难，未来的某一天，当他们回顾那段岁月时，他们有足够的自豪面对过去，而那些痛苦的时刻，已经成了过眼烟云。

表面看，乔布斯确实能蛊惑人心，但也正是他根植于直觉、频频呼唤他改变世界的永不衰竭的激情，打造出苹果独一无二的品牌，赢得了同行包括比尔·盖茨的敬佩。

实际上，所谓的意念化管理，不过是笔者作为一个旁观者对乔布斯职场运作的一个总结。它并不是乔布斯的本意，也就是说，乔布斯在那样做的时候，他没有意识到他是在用他的意念来管理他的团队。因为意念不是意识层面的想法，意念是潜意识层面的内驱力。就连乔布斯的同事在探讨乔布斯的"现实扭曲力场"后也得出了一致结论，认为"它是一种自然的力量"。

而在笔者看来，正因为那种力量来自于自然，所以它才有力量；也因为它来自于自然，它不但让乔布斯面对自己的想法时激情万丈，他还能把这种激情传染给他的团队，让他的团队也一再做出连他们自己都不相信他们能做出的事。

而人要出成绩，很大程度上确实需要这种意念力的驱使。这在运动员的训练中也有先例。

一位名不见经传的年轻人第一次参加马拉松比赛就获得了冠军，并且打破了世界纪录。

他冲过终点后，新闻记者蜂拥而至，团团围住他，不停地问："你是如何取得这样好的成绩的？"

年轻的冠军喘着粗气说："因为我身后有一只狼。"

迎着记者们惊讶的目光，年轻人继续说："三年前，我开始练长跑。训练基地的四周是崇山峻岭，每天凌晨两三点钟，教练就让我起床，在

遇见觉知的自己

山岭间训练。可我尽了自己的最大努力，进步却一直不快。

"有一天清晨，我在训练的途中，忽然听见身后传来狼的叫声。开始时零星的几声，似乎还很遥远，但很快就急促起来，而且就在我的身后。我知道是一只狼紧盯上了我，我甚至不敢回头，拼命地跑着。那天训练，我的成绩好极了。后来教练问我原因，我说我听见了狼的叫声。教练意味深长地说：'原来不是你不行，而是你身后少了一只狼。'

"后来我才知道，那天清晨根本没有狼，我听见的狼叫，是教练装出来的。从那天以后，每次训练，我都想象着身后有一只狼。所以，成绩突飞猛进。今天，当我参加这场比赛时，我仍然想象我的身后有一只狼。所以我成功了。"

这就是意念力的作用。你也许无法用理性去解释它，但它实实在在地存在于人的潜意识中，只要你唤醒了潜意识，潜意识就会走上前来，帮你成为超越意识、超越习俗的人。这一再说明，思想就是种子，一旦把思想的种子种在人的精神土壤，从这片土壤里长出来的人确实能不同凡响。因为人有贪图安逸的本性，每个人都有，对平日的生活来说，这个弱点也许无伤大雅，但对一个竞争者或者一个竞争中的团队，很多时候，正是超越常规的意念力让人"脱颖而出"，有了超常的动力和表现。

说乔布斯霸道也好，说他有"现实扭曲力场"也好，说到底，都说明了这样一个事实：乔布斯，不管是作为一个人还是一个企业家，他的确具备了由目标生成的坚强无比的意念力，那种意念力有意志的支撑，也有信仰的追随，也因此在他的目标面前，所有他认为不符合他目标的心态和做法都成了他不屑一顾的枝节。

比如你骂他残酷，你喊他霸道，你嫌他说话冷酷无情、蛮不讲理，你认为他善变、不可理喻等，他对这些都无所谓，只要不影响他的目标，他对这些都看不见，只要他不想看见，他就看不见了，没有了，不存在了。

而对那些他想看见的事物，他看得比谁都仔细。比如面试时，他坚

185

持以激情为用人标准：只要你对着样机两眼放光，拿起鼠标立即操作，顺带嘴里还激动不已地喊出一个"哇噻！"那乔布斯就会微笑着雇用你了。

这就是乔布斯，"现实扭曲力场"里的乔布斯就是这么简单，又霸道无比。但乔布斯的霸道是有道理的，他不为金钱，不为名利，不为那种可以炫耀一时的小地位，他就是为了那件简单又不简单的事，改变世界，给更多的人更好的生活，创造一个不只会赚钱，还要足以让世人敬畏的传奇和传世的团队。

为什么？

因为每一位登上传世宝座的企业、个人和品牌，他必得具备深厚的人文精神和人文关怀。

这就是乔布斯的追求。

一想到这点，你就无法不为乔布斯那种儿童般的纯真而感动。

事实也是如此，跟乔布斯共同经历过艰苦创业并感受过辉煌的人，都对乔布斯的粗暴有过领略，但同时也有由衷的赞美："能够和他并肩作战，我真的是世界上最幸运的人了。"

五、思想领先，想法取胜

因为我知道，只要我停滞不前，你很快就会抛弃我；只有我不断改变，我才能永远做你的领路人。

因为思想是种子，又因为思想是一切事物的种子，所以作为一个企业家，他首先应该关心的是思想，其次就是思想的实施与落实。

在思想上，有过人直觉的乔布斯堪称嗅觉灵敏。比如，一位科学家说过一句格言，深得乔布斯的认同："预言未来最好的方式，就是亲手创造未来。"

遇见 **觉知的自己**

在创造未来上，乔布斯做到了身先士卒：从电脑到手机，从电影到音乐，乔布斯可以说是一路领先，一马平川。正如一位评审的评论："世界上几乎没有一个媒体交换行业是乔布斯无法进入的。"

乔布斯何以能如此神通广大？

首先，在这个世界上，没有一种观念可以阻止乔布斯成为自己和实现自己。其次，在这个世界上，也没有一种思想哪怕是一个念头可以阻挡乔布斯通往目标的努力。而这两点，即没有墨守成规的思维和勇于创新的精神，就成为乔布斯看待世界的方式。

先说没有墨守成规。什么是没有墨守成规？就是没有戒律，没有循规蹈矩，没有可以阻挡他的观念、习惯、习俗、规矩。当然是对他的事业目标而言，具体到乔布斯，就是说，为了他心里的目标，所有的戒律在他看来都不是戒律，都可以打破，都可以让路，都得服从他的目标。因为他认为他所做的事是为了大众福祉，他改变世界，是为了让更多的人生活得更好、更有质量、更酷、更快乐。而事实上，他也做到了这一点。

也因此，当你听到乔布斯为苹果品牌创作的广告词，你不会以为那是他的哗众取宠；相反，你会认同他的激情，更会为他和他团队送上你由衷的敬佩。因为，当你听到那段广告词时，你会相信，那的确是从一个连做梦都想着要改变世界的理想主义者的心里流淌出来的声音：

"他们特立独行，他们桀骜不驯。……他们用与众不同的眼光看待事物。他们不喜欢墨守成规。他们也不愿安于现状。你可以认同他们，反对他们，颂扬或是诋毁他们。但唯独不能漠视他们。因为他们改变了寻常事物，他们推动人类向前迈进。或许他们是别人眼里的疯子，但他们却是我们眼中的天才。因为只有那些疯狂到以为自己能改变世界的人……才能真的改变世界。"

与此同时，乔布斯还创造了历史上最令人难忘的一系列平面广告，让他敬爱终生的伟人肖像用黑白色调且不带文字说明的形式出现在每则广告上，而苹果的标示和广告语"非同凡响"则放在一个小角落。这样一来，爱因斯坦、甘地、毕加索、爱迪生、卓别林、马丁·路德·金等这些历史上最伟大的人文科学家和艺术家就成了苹果品牌的领航和护卫：一方面，这些伟人的出现渲染了苹果的人文色彩；另一方面，苹果也以它此处无声胜有声的信念向世人宣称，他们的终极目标，就是要永无止境地追随这些为人类理想奋斗终生的伟人和先辈。

什么是创新精神？创新和创新精神是两个概念，创新是具体的，就具体产品或具体事务而言，属于发明创造的技术范畴；但创新精神则是思想层面的洞见，堪称智慧。

比如，在谈到产品问题时，乔布斯的观点就很到位，他告诉他的传记作者艾萨克森：

"有人说：'消费者想要什么就给他们什么。'但那不是我的方式。我们的责任是提前一步搞清楚他们将来想要什么。我记得亨利·福特曾说过：'如果我最初问消费者他们想要什么，他们应当是会告诉我："我要一匹更快的马！"'人们不知道想要什么，直到你把它摆在他们面前。正因为这样，我从不依靠市场研究，我们的任务是读懂还没落实到纸面上的东西。"

没错，很少有顾客知道他真的想要什么。如果你问他想要什么，他给你的回答跟福特想象中的客户的回答恐怕是会基本一致，都是宏观的，大概的。所以谈到产品，乔布斯仍然坚持："你不能问顾客需要什么，然后你给他什么，因为等你按顾客的要求做出来以后，他们又有了新的要求。"

就是这样，这是事实，不光顾客，读者也是这样，有作家就说过这样的话："这个世界上只有二流作者，没有二流读者。"他的意思是说，作为作家，你要总写二流小说，那这个世界上就只有二流读者，因为他没有见过一流作品，除非有一天某位作家写出了一流作品，到那时必定会有一流读者站出来叫好。也因此，如果你干的是爬格子的活儿，如果

遇见 觉知的自己

你发现你周围满世界都是二流读者，且莫埋怨，先问自己，你能写出一流作品否？这应该是一个职业写者起码的觉悟。

这个观点非子认同，以为它直指人心，很到位。

而顾客对待产品和读者对待作品也一样，有类似的心理。好好想想，手机出来以前，谁最牛？大哥大。大哥大出来以前呢？那是 BP 机和小灵通。如果从来就没有过手机，顾客就会认为大哥大是最好的产品；同样，有一天有更好的东西代替了手机，到那时顾客的青睐又会转向那个好产品。

所以你不能完全依靠市场调查，你不能完全把希望寄托在别人身上。顾客是上帝那没有错，那也多指上帝与产品的关系；在顾客与产品的关系上，顾客是上帝。但在产品诞生以前，如果你完全依赖消费者，没有自己的思路，在众多的消费者面前，你也会感到无所适从也说不定。

与其你漫无边际地去问消费者，不如你静下心来问问自己，你想要什么样的产品？你究竟想要什么？如果你是一个合格的企业家，如果你能把"你想要什么"这五个字问到你心里，问上一百遍，你就等于走到了消费者的心里。因为在本质上，你最想要的东西，也一定是消费者想要的，你觉得最好的那个东西，消费者也一定会觉得最好，因为你也是一个消费者。所以方法应该倒过来，不要老问别人，问你自己。

这就是乔布斯说的："伟大的艺术品不必追随潮流，它们自身就可以引领潮流。"这一点，只要看看 iPod 给乔布斯团队带来的激动，就足以说明，为什么引领消费比一味地倾听消费更能使人感受到创造的激情和由创造带来的自我实现的快慰。

回忆 iPod 的诞生，乔布斯难以按捺激动："我们突然间彼此相视，说：'这东西一定很酷！'我们知道它到底有多酷，是因为我们都知道自己多想要拥有一部。……"

这就是创新者，这才是创新者，这才是一个一流创新者该有的思维：我要满足你，但我又不能听你的，我得让你听我的，我还不能强迫你听我的，我要用我设计出来的东西打动你，让你心甘情愿地跟我走。而当你看似迷上了我，发誓要一辈子跟我走的时候，我又在前进了，我又变化了。因为我知道，只要我停滞不前，你很快就会抛弃我；只有我不断改变，我才能永远做你的领路人。

这就是思想，这就叫思想领先，想法取胜。它最终靠的不是调查，是企业家的悟性和洞见，而这样的悟性和洞见，一定需要本人有对人生饱满的激情和纯粹的热爱。

六、人性领先，人性取胜

这时你就会想，如果我是一个灯箱，我最想实现的自我价值是什么呢？这样你就等于在产品还未诞生前，就赋予了产品一种内在的生命力。

对我们来说，改革开放的成果不仅在经济上，人性的完善也有目共睹。也就是说，在人性上，我们也大大地进步了，尽管还不够，还有距离，但进步仍无法抹杀、无法否认。因为，当我们从人性角度去看问题、去做事时，发现那的确让人非常地舒心、非常地受用。

比如"人性化"一词，大家已经熟悉了：人性化设计，人性化设施，人性化工作，人性化服务，在我们的生活里比比皆是。为什么人性化的东西让我们如此地受用啊？因为人性化考虑的是人的需要、人的方便，包括使用方便、携带方便、感觉上的舒适和心理上的愉悦，等等。

但人性化的观念还不仅只限于这一层，它还有一个更广阔、更深入的层面，那就是人与物质世界的相互平等，相知相觉。

如果非子问你，你一生中最爱的人是谁，你多半的回答一定是爱父母、爱家人、爱孩子。非子要继续问你，你能否把你爱人的感情也用于

爱你周围的物品，比如爱你的桌子、椅子、柜子、家具；爱你的电视、电脑等家用电器；爱你的水管、煤气、水龙头、水池；爱你的地板、沙发、床单、被褥；爱你的纸张、墨水、毛笔、铅笔；爱你的饭食、菜蔬、瓜果、冷饮……你能否用你爱人的感情去爱这些物品，爱你全部的物质世界，你能吗？有想过要这样去爱吗？

实际上，这里的回答只有两个：要么能，要么不能；要么想过，要么没想过。不管你以前是怎样对待那些东西的，以前的事就让它过去。只要从现在开始你对你周围的物品有一个全新的态度，你的生活连同你的心态一定会随着你对你周围物品的爱而发生一个质的改变。

因为我们和这些物品是一体的，我们以及我们的先人来到这个世界上的那一刻起，就没有离开过物质世界，甚至可以说没有物质和物品，就没有人的生存和发展。虽然表面看来物质世界的更新是人不断创造的结果，但每一个被创造出来的物品，自打它来到这个世界上的那一刻起，它就有了自己的使命。

比如，美食的使命是给人温饱，当然也可以赏心悦目，但除这两点以外你还要用它去炫耀身份，由此引起的浪费就会让美食大感不快；再比如，纸张的使命是供人写字，以便人学习，但如果你一面学习一面又撕纸给孩子娱乐，那样的肆意也会让纸张感到寒冷，觉得人类不可理喻。在今天这样一个物质丰裕的世界，人对物品的漫不经心可以说是司空见惯，这样的肆意并不能说明人类的本事，相反，人对物品纯粹的实用主义和漫不经心已经造成了我们与自然的隔膜与疏离。

反过来，疼爱物品不但能让物品更好地为人服务，一旦你建立起对物品平等相待的习惯，你会发现，万物皆有情绝不是人的自我安慰，那才是人得以舒心的大情怀、大境界。到那时就算你一个人在家，你也不会感到寂寞，看着你周围的一桌一柜、一草一木，你才会有"世间万物皆是友，处处无家处处家"的感觉。

更重要的，如果你是个有创造性思维的人，如果你从事的工作让你

191

每天都处在革新和创造中，以人性化思维为指导，你的创造会从人性角度取得更多的启发和灵感。比如，你做的是广告设计，在你设计灯箱时，人性化的思维会提醒你从灯箱的角度来考虑问题。这时你就会想，如果我是一个灯箱，我最想实现的自我价值是什么呢？这样你就等于在产品还未诞生前，就赋予了产品一种内在的生命力，同时你也有了一种认同的动力，带着如此积极的动力进行生产，试想，你的产品怎能会平庸，怎能不出类拔萃呢？

实际上，这也是乔布斯的《玩具总动员》之所以取胜的根本原因。因为在玩具诞生前，乔布斯和玩具的创作人已经达成共识：产品是有灵魂的。它们是为了一个使命才被生产出来的。如果一个物体是有感情的，那么它的渴望其实和人一样，它也想最大限度地去实现自己的价值。比如，杯子的使命是盛水，如果它有感情，它会在满的时候高兴，空的时候悲哀；自行车的使命是让人骑着赶路或游玩，有人骑它，它会兴奋，没人骑它，它就会失落。以此类推，和人一样，每种产品都有感情，每个物品都渴望实现它的价值。这么一想，生活的动力就多元了，创造的动力也会愈加生龙活虎、简单和纯粹。

这就叫人性领先，人性取胜。不光现在，在眼前，即使在未来的多少年内，直到地球不在的那一天，相信我们与物质世界的关系都离不开相互平等，相知相觉。因为我们的生活不能没有物品、没有产品，一如每一种物质和产品也都离不开人，一分钟也离不开。

七、简约主义：未来的美学坐标

多是浮，少是静；多是躁，少是沉。正是这样一份形式上的沉静契合了人性底部的追求，留给人无限的遐想空间。

蒙田写过一篇散文，题目不记得了，总归在文中极尽了对"多"的反感。其实对多的反感不光是蒙田，仔细想，在我们的生活中，常让我们烦心的是什么，没错儿，就是多，于是就有了"五音令人耳聋，五色令人目眩，五味令人口爽"的戏论。是说，声音太多了让人耳聋，颜色太多了让人眼晕，味道太多了令人无味。对此大家恐怕都有体会。

美学概念上的简约有两个含义，一是简洁，二是真实。

这两点似乎都符合了当下人性的心理趋势：首先，因为地球上日益增多的人口和日益拥挤的空间使人们产生了自然而然的"留白意识"；其次，人类文明青睐许久的形式也已随着个性化的进程而逐渐被内容所取代。这也是为什么代表视觉艺术的服饰会在简约上率先引领潮流了。就像有人感叹的，女人的解放，似乎是在服饰里完成的，当多余的花边和饰物被去掉后，越来越多的新女性站了起来，而女人自我意识的觉醒，也在越发简约的服饰里得到了证实。

接下来就是音乐，回忆当年的流行热，人们不禁要问，这到底是为什么？为什么流行歌曲会在一夜之间就代替了美声，是过去的人太高雅，还是今天的人低俗？

说到底，流行也好，通俗也好，它之所以能代替美声，并不是因为美声不好，而是美声太华丽，不够简约；而正是流行歌曲和通俗歌曲的出现，使音乐从殿堂里的艺术变成个人心中的咏叹或独白。这也可以理解为个性发展的必然结果，人不想再唱别人了，他们想唱自己，一如在文字上，私小说的撰写者也不再想写别人，想写自己一样。

是的，自己，个人，这原本就不应该成为话题。因为整体在造人时，本来就是一个一个地造出来的，世界上没有两片相同的树叶，世界上也没有两个相同的人，人和人都是不一样的，每个人都有自己的个性、自己的使命、自己的因缘。只不过，不管是东方还是西方，要么小农经济，要么大工业文明，都在相当程度和相当时间内忽略了个体的存在，所以才造成了人们强烈地回归个性，渴望解放的解放情结。于是，简约意识应运而生，这是再自然不过的事。

实际上，对每一个敏感多思的人，他对简约的感受从来就没有过泯灭。据说，在日本的花道艺术中，有这样一个故事一直流传至今。

有一次，一位将军听说在茶道的鼻祖千里休的花园中，种植了很多美丽的牵牛花，将军想去欣赏一下。可当将军来到千里休家的时候，牵牛花已经全部被铲掉了，只剩下最美的一枝摆放在茶室内昏暗的壁龛里。那一刻，将军被这枝仅存的、湿润而盛开的牵牛花深深地吸引住了。他不禁叹道："原来，大自然中的一枝独秀才是最美的呀!"

而将军感叹的美是什么呢？就是简约——由简约焕发出的根植于一个人心灵底部的想象力，想象力所激发的人与自然的共鸣以及自然给人的灵悟与震撼。

生活中何止这位作古的将军，如果你肯静心体悟，"少即是多"的发现随处可见。比如玫瑰花，对着一把玫瑰花，你怕是什么也看不出来，如果男友送你一把玫瑰花，你很可能会叫一声"哇噻"后就什么也没有了，你想不出更多的画面。

可如果你收到的是一支玫瑰，那样的一枝独秀在情人节这个特殊的日子一定会给你耳目一新的感觉。你会觉得这只玫瑰花代表了你在他心目中独一无二的位置，也可以理解为他对你的无可替代的爱。那时你反倒没有了预想的激动，却会从中看出你未来的花香满园、爱浪滚滚，你会突然扑倒在情人的怀里，你说不出一句话，只有因你的幸福欢喜流泪，感激你的缘分。

这就是少的魅力。不光一枝玫瑰花，很多事物都是这样，多是浮，少是静；多是躁，少是沉。正是这样一份形式上的沉静契合了人性底部的追求，留给人无限的遐想空间。

人需要想象力，没有想象力就没有人类的发展。甚至可以说，没有想象力，人类将注定要失去生存的品质，沦为野生族的命运。千百万年来的人类发展史，从某种程度上说，就是人类想象力得以驰骋并变成现实的历史：过往的历史，想象力使人变成了人；未来的历史，想象力将会使人变得更有品质、更和谐。这是想象力的使命，也是人的福气。

也因此，在西方，每一位堪称大师的艺术家都懂得"上帝就在简约之中"和"少即是多"的含义了。而当工业设计中的简约被某个企业家所看中、所实施后，这位企业家就等于通过它的简约理念，把艺术和谐引进了大众消费者的审美意识，让消费者也有了享受简约的渴望与愉悦。这在汽车设计的一再简约与年轻人最为喜爱的电子产品的更新换代中得到了证实。

实际上，还在老子的时代，老子就已经悟出了简约生活方式能够给人的静心与智慧，而老子的"其出弥远，其知弥少"，也正是在想象力的层面给我们一个回归自我的提点，即你走得越远，你知道得越少。因为你走得越远，你离自己的中心就越远，你离自己的灵魂就越远，你离自己的"家"就越远，而世界上所有堪称知道的东西并不在外面，在里面，在每一个人的心里。你越想知道，你就越应该向内走，往里看。你知道了你自己，你就知道了世界。因为每一个人都是一个浓缩的世界。

简约的生活方式，其益处不可忽略：一方面，简单的生活让人保持了与自然的同步，使人活得淡定、安心；另一方面，时时观照自己，回归自己，也使人抵御了世俗的污染，提高了自己的品位。

归根结底，正因为每个人都是一个独立的个体，人不但要给自己留白，他也需要给他人留白，以便他人也有空间享受自己，同时也有兴致享受你带给他的创造和愉悦。

这就是乔布斯的特立独行和游刃有余。可以说，不光在产品上，就是在做人上，乔布斯也把他的简约美学发挥到了极致。

2005 年，乔布斯接受了斯坦福大学的邀请，在学生的毕业典礼上做讲演。为此，他写出了一篇亲切又简洁的讲话稿，充满朴实的个人感受，堪称乔布斯的作品。

讲演稿没有水分，简约的讲演稿分成三个部分，讲了三个故事：第一个故事讲他为什么退学以及退学后怎样从自己感兴趣的事物中得到长进；第二个故事讲他从被苹果解雇的"苦药丸"中获得的自省与他如何依靠这个"苦药丸"又创下了收益；第三个故事更精彩——确诊患有癌症后的他如何面对死亡以及从死亡中获得的启示。

"记住自己很快就要死了，这是我面对人生重大选择时最重要的工具，因为几乎一切——所有外界的期望、所有骄傲、所有对于困窘和失败的恐惧——这些东西都在死亡面前烟消云散，只留下真正重要的东西。记住自己终将死去，是我所知最好的方式，避免陷入认为自己会失去什么的陷阱。你已是一无所有，没理由不追随内心。"

这就是留白，简约的真正含义就是留白。这个世界太满了，太挤了，人的空间越来越少了，每个人都感觉被别人侵犯的东西太多了，所以如果你是个知趣的人，还算有点智慧，你就得懂得简约，懂得给别人留白，留给别人空间、时间、欣赏力、理解力、想象力。这些东西每个人都有，用不着你替别人想，人家会想，用自己的脑袋和心想，用不着你把话说得很明白。这个世界上九成以上的人都是聪明人，没有人是傻子，每个人都有生活阅历、情感阅历，每个人都是过来人，用不着靠你那点自以为是的智慧来说教别人。

未来，不管你做什么，都需要留白，设计也好，讲演也好，生活更是这样，要学会简约——给别人，也给自己——留白。

这就是未来的美学坐标，每个人都会喜欢这样的坐标。因为每个人都是一个独立和完整的人，每个人对自己、对他人、对产品、对世界都会有自己的想法、看法、观点和理解，而且绝大多数人的看法和理解都会在此处无声胜有声的留白里自发地达到惊人的一致！

遇见
觉知
的自己

八、以问题为中心

特别在职场，以问题为中心的思维使人与人之间的关系变得更简单、更轻松，同事之间的个人恩怨也减少到最低限度。

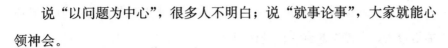

说"以问题为中心"，很多人不明白；说"就事论事"，大家就能心领神会。

什么叫就事论事？

就事论事的意思是，说这件事就是这件事，此事以外的一切包括恩怨、过节、荣辱、态度都搁置不论。

这也是"以问题为中心"的内核：在一定的关系内，关系不是要点，问题是要点；为解决眼下的问题，大家可以忽略关系或超越关系，让问题成为大家的聚焦，而不让关系成为问题的阻碍。因为问题关系到大家的利益和公司的生存，所以问题应当被前置放在首位。

特别在职场，以问题为中心的思维使人与人之间的关系变得更简单、更轻松，当每一个专业职场人都懂得并掌握了以问题为中心的思维后，同事之间的个人恩怨也减少到最低限度。这样一来，员工不但端正了自我暗示，更由于自己的健康和光明，他自然会用更健康的心理善待同事，避免了由于过度敏感而引起的人际猜疑和情感伤害。

事实证明，如果一个团队在工作中都能以问题为中心，不用说，这一定会是一支一流的团队，不管每个人做什么，他都会在自己的领域达到最大的完美。因为在面对问题时，他能忽略每个人的缺点和枝节，他首先认同了这些人的潜能与聪慧。也因此，如果你也被乔布斯的传奇所震撼，应该想到，这绝不仅是乔布斯一人的功绩，如果没有被他称之为一流的团队，苹果和皮克斯的传奇也将不复存在。

正因为这样，乔布斯下面这段话听起来才有了足够的霸道，但也十分坦率：

"……人们总说他们和别人合不来，他们不喜欢团队合作。但是我发现，一流选手喜欢和一流选手共事，他们只是不喜欢和三流选手在一起罢了。在皮克斯公司，整个公司的人都是一流选手。……"

然而和一流选手共事确实不容易，比如在麦金塔，就有员工有过这样的抱怨："在史蒂夫手下工作太难了！"但也有人把压力变成动力，从而找到自己的位置："他的行为可以让你在情感上饱受折磨，但如果你能挺过去，它就能起到积极的作用。"

这也是乔布斯的传记作者艾萨克森对乔布斯的评价："多年来，无论是在他的私人生活还是在职业生涯中，他的核心圈子里集中的都是真正的强者，而不是谄媚者。"

这就是以问题为中心的好处，它让问题永远处在优先位置，永远不受人际关系的干扰和侵蚀，还得到老板和员工同心一致的专注和对待。为什么？因为这些老板和员工都明白，问题是他们的坎坷，也是他们的缘分；他们是因为解决了这些问题才变得不同凡响的，所以他们才堪称超越了关系的一流的职场人。

写到这儿，笔者想起了我国最优秀的演艺团队之一——北京人民艺术剧院。而人艺的口号"戏比天大"，刚好印证了人艺人以问题为中心的前瞻与胸怀。在人艺有这样的说法，"人人是老师，处处是课堂"。这种超越世俗观念，唯真理是大，唯真知是贤的标准，不但造就了一代又一代优秀的人艺人，也树立了一个光明磊落的典范。

九、抓住偶然，创造机会

对一个用心的人，等待机会是偶然，创造机会是必然，因为他明白，时光飞逝，时不我待。

机会有两种，一种是等来的，一种是自己创造的。要想让等来的机会找自己也不容易，也需要你是一个在人生跑道上跑着的人；但创造的机会就更可贵了，它不但需要你始终跑在跑道上，还需要你有抓住偶然的洞见与智慧。

有一个男孩，他去参加一个企业招聘会，到时才发现，招聘会早已排起了长龙大队，面试者要等到排队叫号才能进入。男孩在队伍里看了看，很快掏出纸笔，写下一个小纸条，跑到窗口递给了工作人员。很快，当男孩进入时，等待他的，已经是录取通知了。显然，他的小纸条"请您在20号以前不要作决定"起了作用。就这样，这个男孩抓住了偶然，为自己创造了一个看似偶然而实则必然的机会。

的确，生活里有很多的偶然，这些偶然转瞬即逝，它们的出现就在一瞬间，而且这些偶然在通常情况下都不是机会，它们没有规范机会所具备的那种"可行性"。如果你没有抓住它们，很可能它们就永远地消失不再出现；你及时抓住了它们，偶然的事件就会成为你必然的机会。

就像这个男孩，对他来说，如果他按部就班地想问题，很可能他就错过了机会；如果他错过了，同样的机会怕不会再有第二回。这时他有什么办法呢？他不能加塞，也不能强行闯入。于是他想了一个好办法，这个办法并不新奇，它只是超越了一般的思维规范。所以说到底，让男孩得到机会的绝不是什么钻营的技能，而是他没有墨守成规的小想法、大智慧。

有一个女孩想去外企，正赶上外企那阵子不招人。很多人都劝女孩不要去，省得碰一鼻子灰。可女孩就是不信邪，她说："不招人才好呢，不招人就没人跟我竞争了。"于是女孩大胆地拿着她的简历来到了外企人事部。结果，也是凭着那股子没有循规蹈矩的思维，女孩为自己创造了一个本来没有可她却偏偏相信有的机会。

和这个女孩的故事很相像，也有这么一个男孩。他想到国外去移民，刚好他申请的使馆需要本人单位的推荐信。可当时男孩的所在单位不同意他走，也不给他写推荐信，原因就是他们很看重这个男孩，想提拔他。男孩无奈，只好自己写自荐信。

在自我推荐信里，男孩把这件事告诉了使馆，并且坦言，凭借他的"本事"，他本来可以做一封假造推荐信，这种事并不鲜见，但他不想这样做，一来他尊重自己的选择，更尊重移民官对他的信任；二来他相信，也希望移民官能相信，他的单位拒绝给他写推荐信本身就已经说明了他的优秀，他愿意得到能够证明他优秀的机会。

就这样，他的真诚打动了移民官，他的移民申请很快被批准。而且事实证明，他确实是一个优秀的中国人，即使到了国外他也没给祖国丢脸。

就是这样，不管做什么事，你相信有就一定会有。因为只有你相信有，你才能开启你心里的智慧；或者说，只有你相信有，你心里的智慧才肯走上前来，帮你渡过难关。

下面这个故事就更有意思了，看似已有机会，在机会中再创造机会。这就是那些立于不败之地的人的思维，因为他们知道，同样是机会，你没有把握，它就会跑掉；只有你珍惜机会，在机会中再创造机会，到那时就不是机会给你成功了，而是你把握住了成功的机会。

有两家卖粥的小店，一个在左边，一个在右边。两家店每天的顾客相差无几，都是人进人出的，川流不息。

然而到晚上结算的时候，左边的小店总是比右边的那一个多出百十来块钱，每天如此。

于是，一位好奇的探寻者走进了右边的那家小店。

服务员微笑着把好奇者请了进去，给他盛了一碗粥，问道："加不加鸡蛋？"好奇者说不加，于是服务员就走了过去，没有给他加鸡蛋。

随后，好奇者又走进了左边的那家店。

服务员同样微笑着把他请进去，给他盛好一碗粥，问道："加一个鸡蛋，还是加两个鸡蛋？"好奇者微笑着说："加一个。"于是，小店轻而易举地就卖出去了一个鸡蛋。

再进来一个顾客，服务员又问一句："加一个鸡蛋还是两个鸡蛋？"爱吃鸡蛋的就要求加两个，不爱吃的就要求加一个，也有要求不加的，但是很少。

一天下来，左边的小店就比右边的小店卖出了更多的鸡蛋。

看到这里，你可能就要问了："这是怎么一回事呀？一句不同的问话，怎么会有那么大的差别呢?"

这就是心理学上的"沉锚"效应了:人在做决策时，其思维总会被第一信息所左右。就是说，不管人做什么，他得到的第一信息就像海里的沉锚一样，总会被习惯地搁置在他心里的某一处，成为他行为的参照点。通常，当第一信息被碰触时，他自然会有反应;如果没有人碰触它，他也就不会有反应了。

而左边的小店正是利用了人心理上的"沉锚"效应，在顾客中活学活用，成就了自己的生意。因为，当小店定出这样的问话，"加一个还是加两个"时，就等于店主已经给每个客人加了一个鸡蛋。你看，这样的偶然是多么地微妙呀。它看似用的是心理学，其实还是一个人对机会的把握和用心。

可以这样说，对一个用心的人，等待机会是偶然，创造机会是必然，因为他明白，时光飞逝，时不我待。

十、大目标，小努力

你从山下仰望山顶，会感觉爬到山顶遥遥无期;你不看山顶，就盯住你眼下的石头，那样的话，每一块石头的攀登都成就了你最后的胜利。

1984 年，国际马拉松邀请赛在日本东京举行，名不见经传的日本选手山田本一出人意料地夺得了世界冠军。当记者问山田凭什么取得如此惊人的成绩时，山田就说了一句话:"凭智慧战胜对手。"

当时许多人认为，这个偶然跑到前面的矮个子是故弄玄虚。马拉松比赛是体力和耐力的运动，只要身体素质好且又有耐力就有望夺冠，爆发力和速度还都在其次，要说用智慧取胜，确实有点勉强。

两年以后，国际马拉松邀请赛又在意大利的北部城市米兰举行，山田本一代表日本队参加比赛。这一次，他又获得了世界冠军。记者又请他谈夺冠的经验。

山田本一性情木讷，不善言表，回答的仍是上次那句话："凭智慧战胜对手。"这回记者在报纸上再没有挖苦他，但对于他所谓的智慧仍是迷惑不解。

10 年以后，这个谜团终于解开了，山田本一在他的自传中揭秘了他的智慧：

"每次比赛前，我都要乘车把比赛的线路仔细地看一遍，并把沿途醒目的标志画下来，比如第一个标志是银行；第二个标志是大树；第三个标志是一个红房子……这样一直画到赛程的终点。比赛开始后，我就以百米的速度奋力冲向第一个目标，等到达第一个目标以后，我又以同样的速度向第二个目标冲去。40 多公里的路程，就被我分解成这么几个小目标，轻而易举地跑完了。"

然而，山田本一并不是从一开始就懂得这个道理的，他也有过失败的尝试。在他的自传里，他告诉人们，起初他把他的目标定在 40 多公里以外终点线上的那面旗帜上，结果他跑到十几公里的时候就疲惫不堪了，他被前面那段遥远的路程给吓倒了。

所以，有目标并不一定就能取得胜利；而往往，有大目标，还要有小努力，你的目标才容易被攻克、被夺取。因为人很多时候不是被困难打败的，是被未来的想象打败的。这就是莎翁那句话的含义了，这位戏剧大师说："危险不在眼下的困难，在未来的想象。"

而大目标，因着它尚未实现的空无，给人的就是这样一种危险的想象，它似乎比眼前的困难来得更恐惧，因为眼前的困难是看得见摸得着的。人对看得见摸得着的东西反倒没有了惧怕，反正它就在你眼前了，你怕也没有用了；但对于那些看不见摸不着的东西，你心里就没底了，因此惧怕就随着没底的心境而增加了难度。

由此可见，实现目标还真像是一场自我搏斗的心理战：大目标就像

是暗中的怪兽，小努力就像是眼前的"小鬼"。想想，是怪兽容易征服，还是"小鬼"容易搞定？当然是"小鬼"啦！所以，从小努力做起，就是为大目标的实现奠定了基础，扫清了障碍。小努力做得越踏实，大目标的实现越靠谱；"小鬼们"搞得越彻底，怪兽的征服就成了顺理成章的事。

这和爬山也很相似，你从山下仰望山顶，会感觉爬到山顶遥遥无期；你不看山顶，就盯住你眼下的石头，那样的话，每一块石头的攀登都成就了你最后的胜利。

十一、成功要素：做你自己

成功者跟自己走，平庸者跟别人走；成功者听从自己的召唤，平庸者跟随潮流的指引。

关于成功，上面讲了很多，又把辞世不久的顶级成功者史蒂夫·乔布斯拿来当样板，给人的感觉，好像只有乔布斯那样的人才算成功，只有改变世界的宏图之志才算是成功者该有的理想和起点。

是。也不是。

就像笔者在开篇中坦言的，本篇讲的是成功觉知。不是一般意义上的成功经验，也不是一般人想要的成功秘诀。因为不管是经验还是秘诀，都可以通过学习来获得，但唯独觉知不是学来的本领，那是经过了解以后的觉醒。

就是说，你了解了你的本性，你就会有觉醒；你听到你直觉的呼唤，你就会跟随直觉的指引。而且那种觉醒是自发的，用不着谁来教你。但如果你没有了解你的本性，你怕就很难有本质的觉醒。而对人来说，依笔者所见，只有一个唤醒本性的人，不管他从事的是什么工作，选择什么样的生活方式，他才会有一个成功的态度。而态度，较之社会意义上的成功范本，似乎更接近于成功的实质。

也就是说，在本质上，成功的评判不应该是外在的，而是内在的；不是别人说你成功你就成功，而是你认为自己充实、快乐，那才叫成功。乔布斯的典型意义就在于，他既得到了外在的认可，也得到了内在的充实；他改变世界的理想为他赢得了世人的赞誉，他坚守自我的执着也带给他内在的充实和满足。

然而生活中更多的成功者并不是乔布斯这样的，他们都是平凡的人，选择的是平凡的职业，过的是平凡的生活。但当你有听过他们的故事，或者你有机会与他们相处时，你就会发现，从他们心里焕发出来的对生活的热爱，以及他们对自己感兴趣的事物的喜爱，与乔布斯对计算机和音乐播放器的喜爱几乎没有差别。

这一再说明，成功的概念在我们今天这个多元的社会也应该是多元的：并非那些有大理想、大智慧的大人物可以是成功者，更多有着小理想、"小"智慧的小人物，他们的态度与生活同样值得用成功来加冕。

有这样一位父亲，他是个老知青，没有回北京，留在了一座小城。小城里有他心爱的女人，然后和普通人一样，生儿育女。

后来他考取了大学，但仍返回旧地，在一个化工厂当技术员，同时也是一个无线电爱好者，一个电脑爱好者，一个音乐发烧友，一个天文发烧友，一个气功爱好者，一个足球迷，一个金庸迷……

最可贵的是，他喜欢的东西他都玩到了极致。他喜欢无线电，可以自己制作电视机和收音机，并和全国各地网友都取得了联系；他喜欢电脑，能自己设计软件，很多电脑知识连女儿都得拜他为师；他喜欢音乐，是古典音乐的粉丝，又拉得一手好二胡和好古筝，还能在欣赏埙的同时撰写毛笔字，其书法在全国比赛中获奖。

还有，什么时候有彗星飞过地球，他总会给远在海外的女儿打电话，希望女儿也不要错过这一美妙时刻；同时他还是一个摄影爱好者，用数码相机拍下家猫的生长过程，然后输入电脑，发给远方的女儿，而

遇见觉知的自己

且每幅照片还配有说明，并把这些猫统称为"我的孩子"。

这样一份生活态度，曾经引来女儿的反感，觉得父亲没有大事业，缺少大志气。但当女儿到了大洋彼岸，看见那里有更多像父亲一样的普通人，过着和父亲一样的生活时，女儿的态度有了转变。回忆父亲一路走来的阳光和潇洒，女儿发现了一种叫作心境的境界，而能把生活活出一枝美丽的花朵，这样的境界又该是怎样地艺术且上品！

这样的生活，你能说它不成功吗？这样的生活态度，你又怎能把它置于成功之外？

说到底，成功就是做自己，依从自己的本性，做自己想做的事。你做了自己想做的事，尽你所能，获得了极大的满足，又凭借这种满足愉悦了你周围的人，就算是成功了。反过来，你没有做自己，也没有做你想做的事，你一直在做别人，一辈子都在巴望做别人的劳累中跟别人攀比，那样的话，即使有人赞你成功，你心里也会不踏实。

这就是成功者和平庸者的差别：成功者并非以名利衡量，成功也并非以权位论处。对一个觉知的成功者，他唯一的标准就是自己：成功者跟自己走，平庸者跟别人走；成功者听从自己的召唤，平庸者跟随潮流的指引。

一个人之所以成功，不管他的成功多伟大或者多平凡，说到底，都是他的潜意识不断呼喊其直觉，直到形成意志和信仰的过程。开始是直觉带领他，后来是他带领他的直觉和信仰。这就是为什么，每一个有目标的人，都会义无反顾、勇往直前了。乔布斯不会因为任何困难而停止他的追求，上文中的老知青也不会因为世俗的非议而放弃他简单的生活方式。尽管表面看来，这两个人没有可比性，但在人性底部，在忠于自己的感觉上，两人又有着本质的默契。

这就是成功，这就叫成功觉知。它意味着，成功可以有因缘的不同——地域不同、文化不同、天赋不同、性格不同、兴趣不同、爱好不同，但成功没有本性的差别，即每一位成功者都一样，他们在本性上都是简单、智慧、淳朴、善良的人。而当一个人活出自己的本性，并且他的本性又在整体赋予他的因缘里得以生根发芽、开花结果时，到那时，你是否认为他成功，这又有什么关系呢？

对他来说，成功只不过是一种称谓，一种外在的评价，它影响不到他心里的选择和价值。因为他知道，别人否定不了他，别人碰不到他的中心，他待在他的内心深处，那是他的家，他待在家里，他与他的"家人"在一起，他与整体在一起，所以没有人能否定他，就像没有人能否定四季。

如果你也做到了这一点，你已经成功了。记住，做你自己和你想做的事，就是成功之要素。

第八章　觉知问答：觉知的信念——中国精神

这就是中华文明养育的中国精神，这样的精神看似缺少意念力，但正是这份觉知的信念让我们中国人多了一份内里的平和与自尊，也让我们看待世界的方式多了一份圆融，少了一份绝对。

一、站在晴空下，希望就在那里

希望和失望是双生子，希望和失望就是一个钱币的两面，失望在这面，希望在那面。失望和希望永远在一起，永远分不开。

问：最近读了朗达·拜恩的《秘密》，其中有一段话"在你的内心深处，有个一直在等着你去发现的真相，这个真相就是——你本来就该得到生命中一切美好的事物"觉得很给力。这不就是希望吗？可在现实生活中，特别在遇到困难时，人又很难去把握希望，好像希望不在你手里，希望是被一个不可知的力量把握着，人也只能受制于那个不可知的力量的牵引。

关于希望，是否有操作途径？比方说，按照《秘密》里说的吸引力法则，人怎样做才能吸引希望，把握希望，让希望跟自己走，那样一来，拜恩说的《秘密》就容易奏效了。

非子：朗达·拜恩的《秘密》就是吸引力法则，也是宇宙间千年不变的运行法则。这个法则我们每一个人都有，就在我们的内心深处，就是说，这样一个法则也适用于我们每一个人。

你说人很难把握希望，好像希望不在你手里。现在我们不谈希望，先谈失望。想一想，你失望的时候都做了些什么？你一定有过失望对吗？在你失望的时候你特别想看到希望，可是你怎么也看不到，无论花多大力气也没有用。

为什么？因为你的注意力用错了地方，你没有呼唤失望，相反，你一直在埋怨希望。你对希望说："为什么你对我那么不好，为什么我想要你的时候你总不出现在我的身旁？之前不管看书还是看影视剧，我总是相信你就在我身旁，因为我看到你一直在别人身旁，你给了别人受用的希望。可真到我有事的时候，我不痛快的时候，我需要你的时候，你却好像在躲着我，我看不到你，你为什么要那样对待我？"

与此同时，你又在怪罪失望。你对失望说："我挺好的呀，我没做错什么呀，我尽力了呀，我一直在竭尽全力，不敢有稍许的怠慢和疏忽，可我还是失败了，满盘皆输，一无所获，所有的人都对我不好，好像全世界都在跟我作对。我的命好苦呀，我怎么那么倒霉呀。"

看看，这就是你做过的事，你一面抱怨失望，一边又怪罪希望。你知道这意味着什么吗？这意味着，你从一开始就把自己放在了阴霾中。现在我们来打个比方，在你的内心深处有两个天空，一个是晴空，一个是阴霾，这就是你内心深处的两个磁场，面对这个磁场你可以有两个选择，要么站在阴霾中，要么站在晴空下。

想一想，如果这个内心不是你的，是你朋友或家人的，你对他们的内心磁场深刻洞悉、了如指掌，在他们失望时，你会送上什么建议呢？你一定会说："别难过，一切照我说的做，你一定要让自己站在晴空下。因为只有晴空下有阳光，只有阳光能治愈你的创伤，让你重整旗鼓。"

对，就这么简单。如果你能把送给别人的建议用到你自己的身上，你就会发现，事情就是这么简单，要寻找希望就这么简单。只要你站在晴空下就行了，只要你站在晴空下一切就都了结了，不用你再做什么

遇见觉知的自己

了。你站在晴空下，就等于说，你站在了一个积极的磁场，在积极磁场里，希望和失望都会蜕变，变成另外的样子。失望不再是让你唾弃的毁物，而成为你过程中的经历；希望也不再是你一味依赖的救生物，它将成为你新的征程，另一段旅途。

这就是吸引力法则的作用。

就是这样，这是一件很平常的事。失望是平常的事，希望也是平常的事，因为你还会失望，从失望到希望，从希望到失望，再从失望走向希望。这样经历过 N 次，你就会坚定自己的选择，让自己永远站在晴空下。开始时你是两边跑，一会儿跑向晴空，一会儿跑向阴霾，你总是举棋不定，不知自己应该站在哪一边才合适。

为什么你会选择阴霾呢？难道你不知道阴霾不如晴空好吗？如果在外部世界作选择，同样是晴空和阴霾，你一定会选择晴空而不是阴霾。比如你要去踏青，你一定会在晴天的时候去，因为天晴的时候空气清新、阳光明媚，不但会给你一个好心情，连同屋外的花草也和你一样仿佛会高兴得跳起舞来。

可眼下是在你内心作选择，你有否问过自己：为什么我总是习惯选择阴霾呢？

现在非子来告诉你，阴霾下有你的"自我"，不光你的自我，每个人的自我都在阴霾下。那是一个"小我"，那个"小我"的本质就是自怜，所以那样一个自我才总是想着去显示自己，自我张扬，自我表现。这就是自我的特点，这样一个自我就是喜欢阴霾，喜欢被同情、被怜惜、被呵护。从这点上说人没有性别之分，男女都一样。男人的内心也是这个样子，甚至某种程度或某些时候他们比女人更脆弱。

但在晴空下就不一样了。晴空下没有自我，没有自己的那个"小我"，晴空下的我是"大我"。这个"大我"和整体是一致的，它没有分别心，对任何人事物都没有，没有高下之分、贵贱之别、好坏之差，因为在"大我"的眼里，每一个高都包含着下，每一个贵都包含着贱，每一个好都包含着坏，反过来也一样，或者不如说高、贵、好从它诞生的那一刻起就无时不在向着下、贱、差转化。

也因此，平常心也即平等心，就成了觉知的第一要素。

经过多少次的"演练"，你终于"开悟"、明白了："噢，原来如此，原来只要站在晴空下就没事了。只要站在晴空下，我内心深处的吸引力法则就会开始它积极的运作。之前我是站在阴霾下的，那样的话吸引力法则也会运作，但它执行的是消极运作。现在不需要我做任何事，不需要我有什么过人的智慧，只要我站在晴空下，不用我费劲，积极的吸引力法则就把我带向希望了。"

好神奇呀！

这就是问题的根本。

也就是说，希望就在那里，本来就在那里，在我们每个人的心里，从没有离开过，那是整体给我们的生存本能，每个人都有这样的本能。只不过，我们太害怕失败，对现世充满了恐惧，以至于我们只接受顺利不接受失败。结果，越怕失败，希望越不搭腔；越无助，希望离我们越远。反过来，只有丢掉恐惧，不再害怕失败，希望才肯走上前来，与我们为伍。

因为希望也有生命，希望也有渴望，希望也想实现自己的重要性。希望的重要性就是，在人失望的时候助人一臂之力，而要想得到希望的帮助，我们只有眷顾希望，呼唤希望，希望才会有所回应。

因为呼唤是一种感应，就像所有的吸引力磁场，磁场与磁场之间需要感应。你在接受失败的同时呼唤希望，就等于说你给你内在的信任机制发送了一个积极的信息，你告诉你的信任机制说："我感谢你，我信任你，我要把我整个的人都托付给你，相信你能帮我摆脱困境，重整旗鼓。"

接下来，你一定要拿出行动来证明你对你内在信任机制的信任，你一定得有行动才行。你不能光耍嘴皮子，你不能对你内在的信任机制说

"我信任你"，可私底下你又有自己的小算盘，对眼下的困境充满恐惧，希望这种恐惧能在你默默的祈祷下赶快消失，离你远去。果真那样，你对希望的呼唤就得不到回应。因为你对你的信任机制耍两面派，那样的话，你所呼唤的希望就不会理你。所以说，对希望我们首先要怀有一颗真诚的心，所谓的"心诚则灵"也是这个意思。这也是你呼唤希望最受用的办法，那就是接受真相，接受变化，接受失败，对真相没有恐惧，对失败也不过分在意。

好好想想，是不是这么一回事？

美国的一位"二战"老兵，战后到北非的撒哈拉沙漠去体验生活，而后发现，那里的人对真相有种天然的接受力，不管是沙漠风暴，还是无水的困境，对那里的人来说，都是一件平常事。在一颗平常心面前，希望成了一件自然美好的事。

因为他们明白，整体不会让他们消失，大自然也不会让他们灭绝，所有的事情，不管好与坏，都永远变化着，每时每刻都在走向相反的一面。就像黑夜过后有白天，风暴过后有平坦。这就是生活，这就是真相，真相就是这么平实，又如此多变。但不管怎么变，希望永远在，美好永远在。这就是宇宙的运行，也是人类的发展。

就像下面这个故事：

一个女人，因失爱悲痛欲绝。整三年，她把自己的一切都交给了爱人，现在爱人离她而去，她觉得爱人仿佛带走了她。她一心想死，不想再活下去。

正当她准备在一棵树下寻死时，迎面走来一位禅师。她问禅师，自己是不是该一走了事。禅师听了女子的遭遇说："你什么也没有少呀，何来这样大的悲痛呢？三年前你不就是一个人吗？三年过去了，如今你又成了一个人，不是跟以前一样吗？"

女子听了禅师的话，顿时醒悟，随后就感到一片希望，美丽的希望之光从心里发出，刚才的绝望瞬即消散了。

就是这样，希望不在欲里，在空里；不在梦想中，在真相里。希望就是我们与生俱来的火种，永不泯灭的希望，就是我们的生存本能！

这就是操作，关于希望的操作就这么简单，不需要你做什么，只要你静下心来，让自己回归真相，接受真相，另一个真相就出来了。

对失望而言，另一个真相是什么？是希望。同样，人会失望，这是真相；人有希望，这也是真相。对人来说，失望和希望都是真相、真实的存在。只不过，由于害怕失望，希望成了遥不可及的梦幻。实际上，希望就在那里，它一直就在人的心底深处，从来就没有泯灭过，是人对失望的害怕让人忽略了希望的存在。

就是这样，这就是希望的操作：接受失望，你要做的只有接受失望。只有接受能让你超越眼下的困境，只有接受能让你从被失望搅乱的心湖中平静下来。而且，接受绝不是任人摆布；事实是，只有接受你才不会任人摆布，只有接受你才会有无私无畏的勇气。

接受什么？接受真相。接受真相后会发生什么？接受真相后唯一会发生的事就是你不再害怕失望，你放下了失望，你把所有让你失望的真相都当作了一件平常事。失望是一件平常事，希望也是一件平常事，都很平常，又都很不平常。这就是超脱。在超脱里，对人来说，失望和希望有同样的意义与价值。好好想想，如果发生在你身上的每一件令你失望的事你都不在乎、不较真，世界上还有能难住你的事吗？

进一步说，你不是不可以梦想希望，但一定要在你接受真相的基础上去梦想它。当你说你梦想希望的时候，你不能对眼下的困境、失败有任何恐惧，你没有恐惧，你接受了眼下的不如意，你明白这些不如意和你曾经的如意有同样的价值，只有在这时候，你对希望的选择才能让你受用，对希望的希望才能幻化成一股意念力，帮你渡过艰难险阻。

反过来，如果你不接受真相，不接受你眼下的困境和失败，你想用呼唤希望的办法去逃避那些不如意，那样的话，你所梦想的希望就只能是梦想，那种脱离了真相的希望就不会回应你，而你呢，终会因看不到

遇见
觉知的自己

212

希望而跌入失望的谷底。

那是因为，整体在造人时把一切都给了你，给你足够的希望，也给你各种失望。只要你接受失望，你就什么都有了，接受失望的过程就是你呼唤希望的过程。正因为希望是我们的生命之源，整体才不断地给我们失望，以此来考验我们的意志。

19 世纪 30 年代，经济大萧条席卷美国，新任总统富兰克林·罗斯福告诉美国人民："我相信，我们唯一引为恐惧的只是恐惧本身。"就是这句话，让当时的美国人重拾信心。之前，美国已有 1700 万人失业，200 万人流落在全国各地，自杀的事时有发生，美国人的情绪低迷到了极点。罗斯福的话让美国人民从想象的恐惧中回到真相，很快希望丛生，人民在国家的带领下走出困境，踏上一路高歌的希望之旅。

这就是接受的作用，在接受里拥抱真相，会发现真相永远不像人们想的那样沉沦、黑暗。

因为希望就在对面。

所以说，对希望的选择，只有在接受真相的基础上才能兑现。

希望和失望是双生子，希望和失望就是一个钱币的两面，失望在这面，希望在那面。失望和希望永远在一起，永远分不开。了解了希望的特点，要想找希望就有路子了：不要你做任何事，你要做的就是接受失望，你一接受失望，希望就在那里了；一旦你害怕失望，逃避失望，你因为害怕失望和逃避失望而假装丢掉了失望，希望也就被你丢掉了。你看，这是多么简单的一件事啊！

二、你选择希望时，就开启了你内在的信任机制

生死看似是命定的结局，实则是选择的结果，是人对生活的态度决定了他生死的质量和走向。

问：上礼拜，我的一个朋友走了，他的死给了我很大的震动。他工作很好，在一家合资公司做副总。我们是大学同学，毕业后虽不常见面，但一直有联系。去年年初突然听说他病了，我去看他，知道他得了肺癌，但精神很好，没有一点低迷的样子。今年就不一样了，突然收到他的短信，上面就两句话："你别往心里去，那是我选择的结果。"

我再去医院时他已经不在了，医生说他是肺癌晚期，无药可治。我说不出话，对他的死非常震惊，不知怎么会弄成这个样子。他说那是他的选择？他又没有寻短见，怎么会这么巧，死也能选择吗？

非子：是的，死也能选择，不光死，生也一样。不能说生死都是选择的结果，但生死必有选择的因素，有的是有意的选择，多半是无意的选择，但无论如何，所谓的生死有多一半因素掌握在自己手里。这个事实很惨烈，但同样令人振奋，这个事实会让我们觉知生命，珍惜生命。

是的，希望是人的生存本能，这个本能是整体赋予我们的信任机制。人打从一降世，就有了这个内在的信任机制，否则，在那样险恶的自然环境下，人不可能生存。甚至可以说，远古时代的人，正是靠着内在的信任机制，才得以繁衍生息，逐渐强大，成为今天几乎无所不能的人。

信任是一种感召，也是一种呼唤。当你呼唤希望时，希望就会变成一种信念——或生存信念，或成功信念——具体叫什么，依你所希望的事物而定。但希望永远是种子，是基础，是最初的生长素。你必须不断地呼唤希望，你内在的信任机制方才启动，把你带到你想去的地方。

也因此，生死看似是命定的结局，实则是选择的结果，是人对生活的态度决定了他生死的质量和走向。也就是说，选择生的人，他最终也会死，但因为他热爱生命、珍惜生命，他活出了生命的意义和价值，死对他来说已不再是死，而成了生的延续。反之，一个害怕生命、厌弃生命的人，即使他活着，他也已经死去。因为，当他害怕生命时，他消极的态度已经让他的机体陷入了死亡的阴影。

而人对态度的执着，说到底就是选择的结果，尽管那种选择多为潜意识的呼唤，但也正是潜意识的一再呼唤形成了一个人的意念取向。

什么是意念？意念就是信念化了的潜意识。换言之，当潜意识多次重复，变成一个人心里的信念时，信念化了的潜意识就会变成意念，在人的心灵深处迸发出无与伦比的力量。

然而意念并非独立行事，对人这样一种有思想的动物，意念的选择最终会受到态度的指引。也就是说，一个人的意念是积极或消极，最终取决于他对生活的态度：态度积极的人，他的意念就积极；态度消极的人，他的意念就消极。正因为每个人都有潜能，正因为每个人在必要时都能选择意念，因此对不同生活态度的人，意念的选择才会有不同的结果。

下面看几个实例，这些故事都是真实的：

先看消极意念的结果：

消极意念实例 1：

"二战"期间，德国科学家为了执行希特勒的命令，做过一项惨绝人寰的实验。他们找到一名战俘，告诉他，科学家要在他的手腕上划一个口子，看他鲜血流尽的生理反应。

科学家把战俘绑在实验台上，用黑布蒙住他的眼睛，用一块薄冰块在他的手腕上划了一下，其实并没有真的划破，只是给了他划破的感觉；同时在他的手腕上放了一个吊瓶，吊瓶管子的一端放在战俘的手腕上，另一端则放在战俘下方的铁桶里。很快，吊瓶里的水从战俘的手腕处流了下来。战俘听着水的滴答声，完全认定，是自己的血在往外流了。就这样过了一小时，战俘死了，而他死去的反应简直就跟失血致死的人一模一样。

他为什么会死呢？因为他的意念告诉他，他被放血了；他的意念使他确定无疑地相信，他自己被放了血，于是他就被他自己吓死了。

消极意念实例 2:

维也纳精神病理学家维克多·弗兰克尔在"二战"期间被关进了纳粹集中营，在那里他度过了一段非常艰难的岁月。他在自己的著作《人对生存意义的追求》中，描述了他在纳粹集中营的经历，以及同集中营的难友在失去生活目标和生活意义后几乎无一幸存的悲剧。

书中记录，曾有一位难友向弗兰克尔讲述了一个他做过的梦，梦中预言，他将在 1945 年 3 月 30 日获得自由。从此，这个日子就成了这位难友的生活目标和他继续生活下去的精神理由。然而当到来的日子没有带来自由时，难友的身体发生了急转直下的病变。

维克多·弗兰克尔写道:

"3 月 29 日，他突然病倒，发高烧。

3 月 30 日，也就是预言告诉他战争和苦难会结束的那一天，他已经精神错乱，语无伦次，失去了知觉。

3 月 31 日，他死了。

表面看，他似乎是死于恶性斑疹伤寒……其实，造成我朋友死亡的根本原因是预期的自由没有到来，他完全绝望了。他的身体对潜伏伤害感染的抵抗力陡然下降，他的生存意志和对未来的信念彻底崩溃。终于，悲剧发生了——由此看来，梦中的预言对他来说毕竟还是应验了。"

再看积极意念的结果:

积极意念实例 1:

同样是"二战"期间，大批盟军士兵因炸伤和枪伤陷入了极度痛苦，以至于士兵中弥漫着对枪弹的恐怖。为减缓士兵的心理压力，军中请来了心理学家，协助医护人员的救助工作。心理学家不用针，不用药，只是蒙上伤员的眼睛，在他们的伤口周围画了一个圈，然后用食指顺着圆圈反复转动，一边转动一边告诉伤员:"好了好了，你的伤口不疼了，它很快就痊愈了，你马上就能上战场了。"

结果，奇迹发生了，医生用药物都没法制止的疼痛，竟在心理学家

遇见
觉知的自己

216

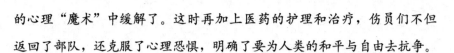

的心理"魔术"中缓解了。这时再加上医药的护理和治疗，伤员们不但返回了部队，还克服了心理恐惧，明确了要为人类的和平与自由去抗争。

积极意念实例2：

一位叫马丁·布朗夫曼的病人，就是靠着意念力，使自己体内的癌细胞得以完全化解。下面就是他讲的故事：

"我34岁的时候，发现自己躺在一所医院里。医生告诉我，我的脊椎里长了一个肿瘤，而且是恶性肿瘤，并断言我只能活两个月到一年。一连几个星期，我完全绝望了，后来我决定靠自己的力量战胜病魔。

"我一天两次，每次花15分钟的时间进行冥想。在我的脑海中有一个可视的大屏幕，我在上面描绘出我的躯体和肿瘤。每回看到肿瘤，我就想象着它比上一次小了一点。因为我整天想着的都是这个肿瘤，所以我可以用我自己选择的方式去想象它。我仿佛看到了癌细胞正一点一点地被我身体的免疫系统所驱散。每回去浴室洗澡时，我都会告诉自己，癌细胞正在被驱除出体外。每回一听到体内发出的'你不会康复了'的声音，我就想方设法地驱除它。我一再使自己坚信，我的健康正在逐渐改善。在思考的时候，我一遍又一遍地告诫自己，每天在每个方面我都越来越好。直到我相信了这一点我才会停下来。

"除了这段时间的冥想，我还使用了其他的方法，使自己有种病情好转的感觉。每回感觉身体有异样或者很疼痛的时候，我绝不会告诉自己这是肿瘤在恶化，我快死了。相反，我会告诉自己，这是某种能量在和肿瘤对抗，这种能量使肿瘤正在萎缩，变得越来越小，我的身体变得越来越好。我已经不再有以前的那种恐惧感了。

"每天我都会想出各种方法来提醒自己说：我正在康复。我想象自己吃的食物就是能量，它使我变得越来越健康。我不断地想所有爱我的人。我让自己坚信，这种爱就是我可以使用的能量，它能加速我的康复。

"我开始使用意念疗法后的两个月，医生又给我做了一次检查，竟然发现，我身体里已经没有了任何肿瘤的迹象了。对这个结果，医生都惊呆了，他们简直无法相信这个奇迹！"

积极意念实例3：

1981年，美国总统罗纳德·里根遇刺，肺部遭到枪击，伤势相当严重，当时的里根已是一位70岁的老人。然而，当躺在床上的里根接受新闻记者的采访时，他乐观地对记者说："不用为我担心，我是那种很快就会痊愈的人。"果然，正是凭着这种战胜伤病的信念，里根创造了高龄枪伤患者仅在医院躺了几天就得以出院的神话。

从以上5个实例中，已经明显地看出态度和意念对人的支配作用。在前两个实例中，不管是被放血的人，还是弗兰克尔的难友，他们之所以死去，表面看来是病痛所致，但在身体问题的背后，都有意念的选择和暗示。也就是说，并非他们的身体先出了问题，而是他们的精神先出了问题，他们放弃了对生命的信任，他们关闭了自己内在的信任机制，所以才导致了自己的死亡。

后三个实例就不言而喻了，不管是盟军士兵，还是叫马丁·布朗夫曼的癌症病人又或里根总统，因为他们信任生命，他们把自己毫无保留地交给自己内在的信任机制，尽管他们的身体在生理极限内已难以承受，但意念重塑的生命仍然让他们超越了自己的极限，最终健康地活了下来。

时至今日，在世界各地，意念身体、意念年龄、意念人生被一再证实。也就是说，由于意念的作用，人不再是单纯的生理动物，他更是精神动物，他的精神在某种程度上有超越身体的潜能。这就是精神机制的作用。人的精神机制有四种：是非机制、成功机制、信任机制和健康机制，这四种机制正是一个人精神潜能的总括和见证。

这一再说明，人可以做自己的主人，人可以选择态度，进而选择自己的命运。反过来，一旦人放弃了他内在的信任机制，一旦他产生了

遇见
觉知的
自己

"我不想活"的念头并让这种念头一再重复，那么，消极意念就会与死亡召唤形成一种消极磁场，在消极磁场的吸引下，要么消极的人会遭遇意外灾祸，或者他也会身体患病，成为身体细菌的"偷袭对象"和受害者。

不是有那么一句话吗？柿子都捡软的捏，细菌也是这样，细菌也喜欢软柿子。那些内心恐惧、害怕生活的人就好比是软柿子，细菌就专门喜欢这样的人。

为什么？因为这些人先关闭了信任机制，又关闭了健康机制，他最主要的两个机制已停止工作，不再给他提供免疫力等活力信息。这些人没有了免疫力和对细菌的抵抗力，他的机体就等于对细菌敞开了大门，或者是对细菌发出了公开的邀请说："细菌呀，你来吧，我欢迎你！"

那样一来，细菌还能不横行、不霸道吗？这么一想，你还肯消极吗？除非你像上文中的消极者那样，那别人就没办法了；否则，只要你改变一下想法，你就会看到希望。

不信你就试一试。

老子对生死的看法有个三三制，他说生之徒，十有三；死之徒，十有三；人之生生，动之于死，也是十有三。

老子的意思是说，按十成计算，利生的因素，有三成；促死的因素，有三成；为生而努力，结果把生变成了死的因素，也有三成。还有一成，老子未做确定。

按照老子的切割，这样的生命虽有惨烈，但也不是没有机遇。比如，你把三成促生的因素先保住；再把三成促死的因素变成促生的因素；再把三成为生努力反而促死的因素也变成促生的因素。这样一来，就算那一成未定的因素你放弃，不管它，你也定定地有了九成促生的因素了，那你还有什么好恐惧、好害怕的呢？那样一来，你的生命不就掌握在你手里了吗？那是多给力的一个结果呀。

你想要那个结果吗？

很简单。

不管到什么时候，都信任生命，把自己交给你内在的信任机制，让你的信任机制给你做选择。保准你错不了！

三、理想不能改变现实，但理想能让现实不生根、不麻木

把别人的好拿过来，把适合于我们的好变成自己的更好，我们什么也少不了，只能让自己变得更完整、更厚重、更坚实。

问：前10年大家忙于奋斗，近两年大家放慢脚步，开始思考成功学，其中，美国的成功格外引人注目。一个人的成功，一定有道理；一个国家的成功，也该有它自己的秘诀。美国的秘诀是什么？听奥巴马讲过一句话：美国的强大，不靠它的军工力量和财富，靠它的信仰和信念。听着挺煽情的，又不太理解。理想——这是美国人的秘诀吗？请讲得通俗点。

非子：讲美国人的信仰，就不能不讲美国人的宗教。大家知道，美国是有宗教信仰的国家，美国的宗教是什么？是上帝。但美国的上帝可跟欧洲的上帝特别是英国的上帝不一样。

英国的上帝是一种权威、代表世袭，对人有无可置疑的支配力。美国的上帝则相反，他以个人为主体，是个人意志的最高体现，他不屑于权威，也不相信世袭；他只相信一件事，即你的存在一定要体现上帝的荣耀，上帝才会把荣耀赠予你。

什么是上帝？对美国人来说，上帝就是自然的力量，这个力量始于远古，他要求人的生存完全符合自然规律。因为只有自然才是宇宙万物完美无瑕的运行法则，由此社会和自然一样，也该有当行之路。

弗洛伊德说过，人最重要的行为动机之一就是"渴望伟大"。这一

动机，似乎在美国人的信仰中得到了证实。当每一个美国人都相信上帝是自己意志的最高体现时，可以说，几乎每个美国人从做美国人的那天起，就开始了他实现自己重要性的旅程。

这的确堪称一种意念力，这种力量首先来自于美国人对上帝的信仰；反过来，一旦上帝实现了他的重要性，他只有表现得更好，用更大的荣耀来回报上帝给他的福惠和恩泽。

有句话叫"存在决定意识"。这句话对美国人的信仰也适用。换句话说，美国人对上帝的信仰也无不来自于他最初的生存状况和生活环境。

众所周知，美国是一个新大陆，美国人没有我们中国人这样无处不在的人际关系。美国人从踏上北美荒原的第一天起就开始了单枪匹马的奋斗，在蛮荒的西部，依赖个人无须作秀，是现实。正因为个人从一开始就奠定了自己的位置，也承载了自己的牺牲，要在民主的路上走下去且走好，美国人就需要一个精神依靠，以获得心理上的依赖和认同。

就这样，美国民主进程中的上帝应运而生。这个上帝放下权威的手杖，脱去世袭的外衣，从高贵的神坛上走下来，走进美国人的心里，在美国人的个人奋斗中给他信念、给他机会，因此美国人甘愿与他的上帝同呼吸、共命运。

这也是为什么，在很多美国人的心里，美国是上帝给他们的"应许之地"，自己就是"上帝的选民"。也因为这份内心的神圣感，美国人的信仰秉承一种无形的精神力量，而美国人对上帝的信仰也有了更多的感情色彩。就是说，当一个美国人甘愿为上帝服务时，那不是上帝的要求，那是他自己的觉醒，他愿意那样做，是因为他相信他心里的上帝能够因着他的奉献而使他得救，从此祥和太平。

做一个比喻，大家都有坠入情网的经验，不管男人或女人，当你坠入情网，你真的爱上了一个人，你对他的爱到了无条件的地步。那种时候，爱人在你的眼里就成了一个信仰、一个标准，你心甘情愿地追随他、信任他、默默地为他做好事，希望成为他要你成为的那个人。

这种体会，想必每个人都有。

而美国人对上帝的信仰，与我们对爱人的俯首帖耳颇为近似。因为在美国人眼里，上帝是完美的化身，而且一个人只有往好里做，他才能得到一个完美的上帝。这就使得美国人的宗教信仰有了一种潜在的道德警示作用。

拿偷东西来说，一个虔信上帝的美国人一定会觉得这是一件很龌龊、不道德的事，而且他对偷盗的看法不管在谁身上都不会改变。政府官员偷东西是贼，自己的上司偷东西是贼，自己的爱人、亲朋好友偷了东西也一样是贼，不管关系多亲密，这种行为都会让他尴尬、令他蒙羞。

这是一种普遍的是非观，这种绝对的是非观是美国人从对上帝的信仰中得来的戒尺，是美国人心里的上帝给他的是非标准；又因来自于他内心的上帝，就等于说美国人的是非观与他内心的荣辱观协调一致，成了他必守的规矩。正如爱默生所说："人的最高尚和最完美的自我依赖就是依赖上帝，这个自我不是'本我'或'自私的我'，而是宇宙的和神的我。"

无疑，美国人的上帝给美国人的"我"就是一个和宇宙并行的我，这个"我"也许没有在美国政府的决策里生根，又或他主流价值观中的"我"在他政府的现世行为中仍会退回到"本我"和"自私的我"的狭隘；但即使这样，每一个虔信上帝的美国人看了爱默生的话，仍会端正自己的言行，希望以最高尚和最完美的形象荣耀上帝，也期待上帝作为一个道德模范给自己夸奖与赞美。

了解了美国人与上帝的关系，对美国由来已久的全民慈善就不难理解了。今天，只要你打开介绍美国的书，几乎每本都在说美国的慈善事，而且美国的慈善是越做越红火，越做越普遍。

有数字显示，欧洲每年平均向慈善机构的捐款约为 57 美元，而美

遇见 觉知的自己

国仅 2002 年每个人就捐献了 953 美元，又在近年的捐款热潮中，年募捐总额接近 3000 亿美元，创历史新高，占到美国 GDP 的 2％以上，分别是英国的 4 倍和法国的 6 倍，其中个人捐款达 85％。除捐出金钱以外，还有 8000 万美国人每年要贡献出他的一份时间来从事不盈利的慈善活动，另有 6000 万人也时不时地从事这方面的活动。

还有，美国很多的私立医院和学校都是富人捐赠的，很多研究所和科研机构都受着大小基金的支持；美国第三任总统杰斐逊就是美国免费小学和学校奖学金制度最早的倡导者；很多美国老人的外衣内都缝着一块小卡片，上面写着他的年龄和血型，以便他死后把遗体捐赠给那些需要的人；而服务于各种教会、高速公路、医院、病床前的义工和志愿者，更是显示了美国人助人为乐的精神和仁慈的爱心。

就算不看现在，看过去，你也能看见美国人对救助地球人乐此不疲地奔跑。有资料显示："许多伟大的西方传教士的故事，令人感动之处不仅仅由于他们的献身精神，还由于他们为欧洲以外的人民的无数进步作出了某些重要的贡献，如较好的教育条件，更多地保护公众健康的措施，消除社会恶习以及提高对现代社会中工业化后果危险性的普遍警惕。没有哪个多神教在这些方面有如此广泛的影响和如此坚定的决心。"

归根结底，正是这些基于信仰的善举，在经历了近百年的奉献后，终于变成了一个理想，这个理想对美国人来说就像粮食和水一样不可或缺。也就是说，当美国人相信上帝拣选了自己，或者"上帝就是我"时，他就等于给自己注入了一种强化意念力，这个意念力告诉他：第一，你和别人不一样，你是上帝拣选的人。第二，你只有继续拿出你的好行为和好成绩来证明你的好，你才配享受"上帝之子"的称号。第三，你不但自己好，你还有责任帮助别人好；你不但自己富足，你还有责任帮助别人富足。这才能证明你是真正的、货真价实的美国人。

人可以自己富足，但宁愿自己挥霍，对他人的贫困冷若冰霜；人也可以自己富足，却不愿自己挥霍，对他人的贫困感同身受，并把这种感受落实于改变的行动，从帮助他人的行动中获得心灵的安慰和满足。面对他人的贫困和社会的不公，美国的主流价值观选择了后一种。

美国当然有自己的问题，这是事实；美国也不尽然是一个理想的社会，这点美国人自己也不否认。但有一点，就算美国人的善举不能改变美国社会的弊端，或帮助所有的穷人，但美国主流价值观中的理想因素，毕竟起到了制衡器和防腐剂的作用。也就是说，有理想在，美国政府就不可能太偏离美国人的主流价值观；有理想在，不民主、不人道、不公正的行为就不大可能在美国占上风。

于是，当一个社会的阴暗面因为有了理想而无法驻足时，这个国家就等于有了对社会疾病的抗受力；就像一个人，只要他对病菌有抗体，对多变的环境有足够的抗受力，如果他能够用他认同的价值观来时时检讨自己、反省自己，他就能基本做到在黑暗中不绝望，在富足中不迷失。一如美国，在理想抗体的警示下，社会弊端无法生根，社会不公正也不好麻木。

美国资深作家雅各布·尼德曼在《美国理想》中的结束语或许可以代表美国主流价值观对美国理想的诠释：

"我们需要的是能使我们以真正的人类尊严昂首挺胸，又能使我们以真正的忏悔低头思过的神话、象征和故事——然后使我们能直视前方去迎接问心无愧的生活，跨进我们在内心世界和脚下的大地里发现的一个全新的 America 的未来，它正在召唤着我们所有人去做一个真正的、具有高尚灵魂的人。"

当下，挖掘潜能和意念力的书比比皆是，了解了美国的宗教会发现，美国的信仰，或称"美国精神"、"美国理想"，包括"美国梦"，无不是人之潜能与人之意念力的奇迹和硕果。

想想，在一个并非以国家开始而是以几百万为己谋生的个体开始的新大陆，要没有坚强的信念，一群没有历史、没有权贵、没有世袭、没有原始人际关系的移民，该如何生存、如何发展、如何使自己站稳脚跟

遇见 **觉知的自己**

并日益强大呢？

多年来，美国以外的人总拿美国人 200 多年的历史当神话，不明白为什么一个仅有如此短暂历史的国家能如此兴旺发达。但要问美国人，美国人会说，正因为我们没有历史，没有历史的羁绊，也没有传统观念的束缚，我们才能自由驰骋，自由发展。

当然，就像每个人在其一生中都要学习平衡术一样，对美国人来说，要达到他理想与现实的平衡也是谈何容易。特别是近年来，美国的霸权主义和军事扩张，激起越来越多国家和地区的不满与反感。尽管美国人每回出兵都打着民主的幌子，谁都明白，这种强迫他人民主的做法本身就违背了民主的初衷，显露了美国一意孤行的霸道和自我中心。

但不管怎么说，至少到今天，美国的主流价值观还没有消失，美国国内的正义呼声仍在美国政府野心膨胀时此起彼伏，让政府不得不止步、内省、不敢太过造次。加上美国人心里的上帝仍在心里和天上看着美国人，有这两处无处不在的监督，想必美国政府仍会守住"美国精神"的底线，不至于让他们的国家毁在他自己手里。

不知这算不算美国成功的秘诀，但有一点，人需要有精神，人更要有理想。从这个意义上或许可以说，美国精神的代表不是美国政府，是美国人民。因为其主流价值观的创造者是人民，维护者是人民，坚守者也是人民，借用欧洲人的话说，也许就是这种"取悦于民众式的民主"造就了特立独行的美国人，也成就了美国的强大与繁荣。

以上讲了美国人的信仰。从通俗角度讲，这也就是一个大概，但仍可作为美国精神的概括与要点。

经过三十余年的改革与开放，我们中国具备了发展的能力，也有了谦虚的资本。在这样一个你中有我，我中有你的世界，在我们中国人已经与世界同步的今天，以理性的态度学习他人，丝毫不减损我们的骄傲，反彰显我们内里的文明与自尊。于是，把别人的好拿过来，把适合于我们的好变成自己的更好，我们什么也少不了，只能让自己变得更坚

225

实、更厚重、更完整。

四、给孩子精神富有，才有国家未来的富有

想想子女的未来，想想子女的后代，还有什么比生存技能更受用的财富？还有什么比个人自立更牢靠的饭碗？

问：我有一个朋友，算得上是大款，他的独生子自然就成了"富二代"。前两年他送儿子到美国去上学，但因为太有钱，他儿子根本不好好念书，整天出去飙车，后死于车祸，朋友悲痛欲绝，几近崩溃。上礼拜我们一起喝酒，他跟我说，他很后悔，后悔没有教给孩子做人的本领，没有让孩子成才，因为自己过去穷怕了，一心想让儿子过好日子，不想到头来害了儿子。我周围还有这样的人，人都富裕了，可心里对贫穷还有阴影，不知道怎么走出来。

非子：没有别的办法，最好就去做慈善，而且是全心全意地做，不带任何私心地做。具体办法就是，把自己花不完的钱交给一个可信的实业家，让他来帮你做这件事，你不要插手，不要还想从你投注的慈善事业里再赚大钱。彻底地离开赚钱的念想，不要老想着那件事，不要老想着自己过去贫困的事，那件事已经过去了。如果你有钱了还是老想着贫困的事，那你就还是一个贫困者。

人富裕以后，贫困的记忆只有在一种情况下是健康的，即他不忘记过去是为不忘本，他不忘记过去是为给今后使劲。只有这样。除此之外任何有关贫困的记忆都没有意义，那种记忆不过是夸大自我的体面的方式，人总想夸大自己，或夸大优点，或夸大缺点，不管哪种夸大都是自我在作祟，都不可取，都不过是自哀自怜。如果你真的很充实，你就用不着挖空心思地去夸大自己了，你要真充实就去做实事，在一个又一个

遇见 觉知的自己

的实事里去奉献自己，帮助别人。

什么叫贫穷？物质上的贫穷不叫穷，那叫真相，精神上的贫穷才叫真的穷，因为他不放手、死盯住贫穷、为贫穷积累。但富有就不一样了，富有就是放手、忘记富有、给予富有，开始是给自己，以后是给别人；开始是在自我满足里找平衡，以后是在给予别人里找快乐。

是的，快乐只有通过别人，不是说你依赖别人，是说你只有心里想着别人，把心思用在别人身上，你才会有快乐。把心思用在自己身上的人，他就是有再多的财富也不会快乐，因为他堵塞了自己通往快乐的出口。快乐是放，不是收；快乐是松，不是紧。放是给，收是取；松是淡，紧是执。而这里所说的别人，不光指与你有关系或帮助过你的人，你之外所有的他人与他物也都包含在内。

想一想，你的财富从哪里来？没有他人的帮助——理解你，赞助你，给你开"绿灯"，给你出主意——你能成事吗？没有他物的因缘——好时代、好政策、好年月、好光景——你哪来的好运气？

这么一想，做慈善就不是你帮助别人了，是人家对你的接受给了你帮助他人的机会，是人家对你的信任给了你在他人身上完成你自我完善的心愿，所以说到底，不是你帮别人，是人家成全你。这才叫慈善，这才是真正的慈善。因为爱是无条件的给予，自我快乐的最高价值就是给予别人。

所以，真正的慈善是没有慈善概念的慈善，没有认为自己在做慈善；他认为自己需要帮助别人，那是他发自内心的需要，他永远都感谢帮助过他的人。

自古以来，我们中国人的生育观就是养儿防老、传宗接代，这个观念一直延续了几千年。不能说养儿防老不对，但在今天，当独生子女成为越来越多家庭的现状后，再看将来，我们唯恐再难维持那种养儿防老的局面。

想想子女的未来，想想子女的后代，还有什么比生存技能更受用的财富？还有什么比个人自立更牢靠的饭碗？如果你真的爱孩子，你怎能忍心看孩子因为你的腐败而心理受伤？如果你是一个合格的父母，你又有什么资格去腐蚀一个原本干净、年轻的生命，只为证明你的富足，把孩子也当成你富足的炫耀和资本？

电视剧《密战》，就讲了一个年轻女孩因父母的腐败而遭受心理创伤的故事。

佟一凡是滨海市市委秘书长，太太雷瑛也是个精明强干的女人，工作之外还给一个公司当顾问。该公司给雷瑛的报酬每回都很丰厚，雷瑛却有所不知，该公司的老板是国外某间谍组织派驻国内的间谍。几次交易后，老板向雷瑛提出要求，请她帮忙把一批办公设备送进市委办公室，雷瑛照办了。殊不知，办公设备中的复印机带有特殊装置，可把复印机发送的文件同时发送给间谍机关。

不久，间谍老板把雷瑛的"案情"如实禀报给佟一凡，意在威胁他束手就范，按照间谍的命令，把星讯六号卫星模拟器在滨海的转运日程安排提早禀报给间谍。佟一凡开始不干，无奈对方连威胁带利诱，一来只要他干，他未来副市长的位置就板上钉钉；二来他女儿到英国学习，每年6万到8万元的奖金也颇具诱惑。就这样，佟一凡开弓没有回头箭，为了仕途和金钱，他走上了一条不归路。

很快，佟一凡的好友、国安局干警秦枫在与间谍的搏斗中英勇牺牲。当秦枫的儿子在追悼会上抱着佟一凡失声痛哭时，佟一凡的精神陷于崩溃。因为正是他的叛国行径才造成了秦枫的牺牲，而秦枫又在临终前把儿子托付给自己，终于，一份无法承受的良心拷问，让佟一凡在关键时刻站了出来，对国安局坦白了自己的罪行。

在监狱里，佟一凡收到女儿欣欣写来的信，信中没有更多的怪罪，读来却是一派凄凉和哀婉：

亲爱的爸爸：

对我来说，这段日子曾经是那么地不真实，到现在我还无法相信，

它是不是一场噩梦。可就发生在我身上，让我失去了一个原本温暖的家，让我不得不鼓起勇气去面对今后的生活。

在这段时间里，我经历了很多，也想了很多，此刻，我终于平静下来，用这种方式向您诉说我的心情。我知道爸爸妈妈做了错事，但改变不了的是，我依然是你们的女儿，你们也永远是我的亲生父母。

亲爱的爸爸，有时候我也在想，如果人生真的可以选择，我愿意用我的一切，包括我的青春和生命来偿还你们的过失，来挽回一个幸福温暖的家庭……

这封信，不知你读后有什么感慨；据我所知，很多人看到这里都无法平静，而后反观自己的生活、对子女的教育，以作警示和反省。

多少年来，我们对子女的爱总是物质大于精神。又因我们自己太过看重物质富足，我们对财富的迷恋终于染指了孩子，让孩子也背上了物欲的沉重。而当孩子也习惯了富足的攀比后，他们对勤劳和简朴就不屑一顾了。殊不知，正是这种基本品质开启了孩子的精神宝柜，让孩子从一开始就懂得生活的不易和自立的重要。

去过美国的人都知道，美国是年轻人的世界，但这样的观念并不是基于年轻人的享乐，而是体现了年轻人的奋斗；而且美国人的自立精神并非大人的强迫，而是从小的培养。直到今天，家务劳动和勤俭观念仍然是美国孩子的必修课，不管你有什么样的背景，也不管你的父母多有钱，每个美国孩子都明白，爱是挣来的，财富也是挣来的，对他们来说，天下就没有白来的享受。

也就是说，美国孩子明白，自己不可能因为是孩子就得到父母的爱，自己一定要有被爱的资本，才能得到父母的爱；而且在他们强爷胜祖的观念里，成为一个和父母一样的孩子，也不大会得到父母的夸奖；你一定得超过父母，才有被夸奖的资本和理由。这也是为什么，美国孩子总是以白花父母的钱为耻辱了，比起父母的钱，他们更愿意用自己的劳动去证明自己的价值。

这种顽强的自立精神在我们看来也许有过残酷，但正是这种根植于真相的自我依赖，让美国孩子很早就挖掘出潜能。可见只有给孩子精神富足，才有国家未来的富足。这个道理，靠个人起家的美国人心知肚明。

美国人不但嘴上说，他们也为自己的理想拿出了行动。2011 年 2 月，美国政府颁布最新遗产税法案，规定遗产税起征点个人为 500 万美元，夫妻为 1000 万美元，税率为 35％。

美国的 200 位富豪给美国总统奥巴马和参众两院议长写信，信中表明了他们感恩国家，愿与国家分忧并与其他美国人共享富足的平等精神：

"我们现在写信，是敦促你们将国家利益置于政治考虑前，为了我们国家的财政健康和民众福利，我请求你们对年收入 100 万美元以上的人加税……我们作为忠实的公民提出这样的请求。

"我们的国家面临着选择——要么我们偿还债务，为未来做好储备；要么我们逃避金融责任，损害国家潜力。我们的国家有恩于我们，它为我们提供了成功的基础。现在，我们希望能保持这样的稳固基础，以便其他人也能和我们一样成功。

"请为我们做正确的事情吧，提高对我们的征税吧，谢谢！"

美国《华尔街日报》公布的一项调查显示，即使取消遗产税，仍有 50％的美国富人打算捐出一半财产，只将部分财产留给子孙。

美国的亿万富豪们认为，取消遗产税将使富人的孩子不劳而获，使富有者永远富有，贫困者永远贫困，这有悖于美国崇尚自我奋斗的社会理念。这种对子女的理性的爱，把自立品行作为最宝贵的价值观始终贯穿于家庭教育的坚实的爱，不光是当代美国富豪的准则，远在美国建国初期，美国第三任总统、美国免费公立小学和学校奖学金制度最早的倡导者托马斯·杰斐逊就已经表明了自己的远见："从来富不过三代，富有者的子孙很有可能不久将成为贫困者，到那时候，这些子孙也同样可以享受由别人资助的免费教育和奖学金。"

说到底，这也是吸引力法则，这个法则已经成为人间的无言契约，而一个社会的正常运行，一定有赖于人与人之间健康的、无功利的给予和良善。也就是说，你帮助别人，未见得在同一件事情上得到回报，但只要你处在给予的磁场，你有难时，一定能得到别人的帮助。

在对孩子的教育上我们也有古训，叫"上梁不正下梁歪"和"子不教，父之过"。这两句话，只要站在整体的高度，就能看出问题的严重。

威廉·巴克莱在他的《花香满径》中为我们提供了一个实例，这是美国一位社会学家对一个酒鬼后裔的调查报告，足以让我们领略"上梁不正下梁歪"的后果：

马丁是个酒鬼，十恶不赦，他的妻子也像他一样坏。马丁死于1770年，1920年做了这个调查。在这150年当中，马丁的子孙加起来有480人之多，其中低能儿142人，私生子36人，酒鬼24人，癫痫病者3人，夭折的婴儿82人，死刑犯3人。从这个调查数字可以看出，马丁一人的毒害代代相传，祸害世人。

正因为威廉·巴克莱深知"上梁不正下梁歪"的后果，他才语重心长地告诫我们：

"我们现在所做的事无论好与坏，死后都会产生影响。如果我们能明白这一点，我们将受益无穷。

"生命的本质放在永恒里才能看得清。如果我们的生命终止于今天，有许多不该做的事我们也会去做，可是，我们的生命并非终止于今生，还有永恒的未来在等待我们。我们今天的所作所为，能决定我们的永世。因此人才应该目光远大，着眼于未来。"

事实也是如此，我们每一个人远大的目光，都将不同程度地影响我们的孩子。这也是心理学家告诉我们的：孩子不听大人怎么说，他们看大人怎么做。从现在起就用精神富足去感染孩子，这种来自于父母家长的公正的爱心，将有着比学校教育更广泛、更深远的作用。

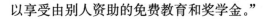

从着眼于未来的角度来看慈善的意义，也许能让我们体会到一种更深长的意味，那就是，不给孩子金钱，给孩子精神富足，那不仅是父母对孩子的更深切的爱，也是我们每个人对国家的负责与爱护。

所罗门说：在世人的想象中，财富似乎是一座堡垒。

培根引用所罗门的话说：这句话妙就妙在，财富只在想象中才是一座堡垒。

叔本华说：金钱是抽象的幸福，你想象金钱的幸福时，也无时无刻不处在害怕失去金钱的恐惧中。

罗素说：幸福是具体的事物，如果一个有钱人体会不到具体的幸福，那财富对他来说就成了装饰和摆设。

培根说：给子女留一份家业，未必是对他们的爱。如果他们年轻又缺少见识，这份家业就可能会招来鸷鸟的环聚，使他们成为被围捕的猎物。

洛克菲勒说：认为拥有了财富就可以拥有幸福是一种错误的看法。富有的人和其他的人没有什么不同，他们从金钱中得到的快乐源于他们有能力给他人带来快乐。

爱默生说：金钱代表了道德价值，金钱也是一个度量社会风气的风向标。假如人们坚守为人处世的原则，拒绝出卖自己的灵魂，便会营造出良好的社会风气，人们的生活也会更加充实。

回顾历史，哲人和伟人对金钱与财富的警言真诚又良苦。不是说金钱和财富不好，而是说，一旦你把金钱和富足变成享乐，那么，腐败的就不光是你本人了，还有你的孩子和你孩子的孩子。果真那样，腐败的危害也不止你本人了，那样的腐败还会危及国家，以及国家的前途和未来。

每一个爱祖国的人都有责任给孩子理性的爱，给孩子一份精神富有，让孩子在未来面前有足够的自信对自己的后代说，我们没有被贫困打垮，也没有被富裕击败。如此我们才有一个伟大的祖国，因为从我们

这一代开始，我们就懂得了，国家未来的富有，就在我们的孩子手中。

五、心里的手：永恒的价值

为百姓，商人当该时时心存民生、设身处地；为百姓，商人更该事事将心比心、推己及人。

问：以前不懂心理学，以为心理学就是心理学者和专家的事，现在才明白，心理学其实是每个人的必修课。最近我们要成立自己的公司，专做民生产品，为此正在准备写公司哲学。作为一名心理工作者，希望您能给些有益的建议；或者从您的角度，您认为一个职业商人，他最应该注意哪方面的事？

非子：公司着手成立时，你们就有了这样的觉知，令人钦佩。下面讲三个故事，你提的问题，可以在先人的美德中寻找答案。

1776年，英国经济学家亚当·斯密的《国富论》出版。斯密认为，每个人在经济活动中，通常都不会考虑社会利益，他盘算的总是自己的好处，但即使这样，每个人追求个人利益的努力，仍会被一只看不见的手牵着，去实现一种他原本无意要实现的目的，最终促进社会利益的增长。

也就是说，从生存本能出发，人为改善自身状况的努力是自然的，但因为人是社会动物，他在为个人努力时，也无法不考虑他人的存在。比如，你跟别人做买卖，你想要买卖公平，你就得给人家公平；你要想买卖自由，你也得给别人相应的自由。

斯密说的那只看不见的手，指的正是人们在为获得基本安全和自由时所不得不坚守的原则和契约。而这只被经济学家们称为供求关系的市场规律之手，也确实在资本的发展初期给地球人带来了早期的繁荣与

233

发展。

然而资本的发展不可能只停留在简单的供求，人的欲望也不可能只满足于自身的生存。关于资本的本性，马克思的分析一针见血：

如果有 10％的利润，资本就会保证到处被使用；

有 20％的利润，资本就会活跃起来；

有 50％的利润，资本就会铤而走险；

有 100％的利润，资本就敢践踏人间一切法律；

有 300％的利润，资本就敢犯任何罪行。

而在资本主义的早期发展中，由疯狂追逐利润所导致的罪恶，可以说比比皆是：以美国为首，20 世纪初，工伤致死频频发生，童工境遇悲惨极致，垄断黑暗、财政腐败、食品掺假、环境污染……似乎亚当·斯密说的那只看不见的手已失去了对市场供求关系的控制。

1911 年 3 月 25 日，纽约曼哈顿女式三角衬衫厂发生大火。那是一个周六，下午 4 点，在埃斯特大楼的第 9 层，平日为限制工人外出的大门此刻依旧紧锁，挡住了工人逃生的唯一出口，最终造成 146 名工人死亡的惨案。

4 月 5 日，阴雨绵绵，纽约华盛顿广场的凯旋门下停放着一具空棺，数万名工人和市民举行了一场沉默的游行，没有口号，没有呼喊，只有泪水，无声的泪水化作哀痛的河流，从曼哈顿的心脏默默地淌过。

那一刻人们发现，在这个世界上，还有比金钱更宝贵的东西，那究竟是什么呢？许久以来，有谁真正关心过工人吗？如果进步不是为了提高人的价值，如果进步不是为了使人生活得更美好、更幸福，那样的进步有什么意义？那样的人生还有什么意思？

然而就在不久前，在与冷酷的金钱之都发生大火相隔不远的年月，在大洋的另一端，在几经内乱外侮后的华夏大地，忍辱负重的中国商人，却演绎出另外版本的故事。

第一个故事：

1900年，八国联军攻占北京。北京城中许多王公贵戚、豪门望族都随着慈禧、光绪逃到西安。由于仓皇，这些人来不及收拾家中的金银细软，他们随身携带的只有山西票号的存折。一到山西，他们就纷纷跑到票号去兑换银两。

山西票号在此次战乱中损失惨重，它们设在北京的分号，不但银子被洗劫一空，连账簿也被付之一炬。没有账簿，山西商人就无从知道储户到底存了多少银子。在这种情况下，山西票号原本可以向京城来的储户言明自己的难处，等总号重新清理账目之后再做安排。这样的要求可以说是合情合理，因为来取银子的难民刚刚经历过京城的兵灾，很多人甚至亲眼目睹了票号被劫的过程。

但是，日升昌没有这么做，以日升昌为首的所有山西票号都没有这么做。他们做的是，只要储户拿出存银的折子，不管银两数目多大，票号一律立刻兑现。

山西票号这样做，无疑是承担了巨大的风险。面临众人的挤兑，再加上真假难辨，这种情况下，票号经营者稍有不慎，就有可能使自己的生意陷入灭顶之灾。

但，日升昌和其他山西票号在危难时刻所表现出的胆识无不令人赞叹！他们不惜以不计后果的举措，向世人昭示了信义在票号业中至高无上的地位。以义制利的古训被晋商透彻地理解后，实实在在地贯彻到实践当中，即使在危难时刻仍不改初衷，不忘儒商的本分。

事实证明，这样的"义举"不但帮助了当时火急火燎的王公贵族，也为自己种下口碑，使日升昌在日后的开业中赢得客户加倍的推崇和信赖。

第二个故事：

公元1877年，光绪三年。这一年，山西、陕西、河南、河北等省遭受了三百年来的特大旱灾。山西省为灾害之首，颗粒无收的情形随处可见，灾荒持续了三年。据清政府官方记载，当时在山西，死于这场灾荒的就有近1/3的人。

发生这样大的灾情，商人也不可幸免。众多晋商豪门中，常氏家族的损失最为惨重。当时支撑常家基业的主要生意，是与俄罗斯商人做的茶叶贸易。大量的茶叶从江南产茶区运往俄罗斯边境，以前都用牲畜做运输工具，眼下大灾之年，粮食绝收，连人都要以树皮、草根果腹，组织牲畜运输队的希望自然破灭。

由于商路的断绝，过去晋商每年向俄罗斯输出的250万担茶叶锐减到8000担，常家的损失自不待言。为不坐以待毙，常家想出各种办法来渡过难关，包括省吃俭用、缩减开销等。但与此同时，令很多人不解的是，常氏家族在这紧要关头却对外声称，要拿出三万两银子，在家族祠堂中修造戏台。

很快人们就明白了，常家表面是造戏台，其实是想通过这种方式进行赈灾，帮助同村和邻村的乡亲们度过灾年。赈灾也不让人感觉施舍，用修造戏台的办法告诉大家，只要你能搬动一块砖头，我就给你一餐饭。

常家人认为，沽名钓誉的名声，断然要不得，他们把自己的善举，用修造戏台这样的借口掩饰起来，而掩盖乐善好施的真正目的，就是要让那些得以救助的人对那餐宝贵的饭食安心下咽，又保住了面子。

大灾持续了三年，常家的土木工程也持续了三年。无论当时的被救助者，还是后来的知情人，恐怕没有人说得清，一个以经商获利为业的家族，为此付出了怎样的代价。但这样一个感人的故事流传至今，已经说明，当时的常氏家族救助的绝不仅仅是当地的灾民，他们坚守的是支撑晋商兴旺发达四百年之久的儒家文化，他们挽救的是在那个生死攸关的时刻险些对生命失去希望的人性和人心。

第三个故事：
大德通是乔家大院的第三代主人乔致庸一手创办的票号。

清末社会动荡，辛亥革命改朝换代，许多票号不是业务被官方银行夺走，就是因为时局艰难，存款大幅度萎缩而面临倒闭。资本实力雄厚的大德通也历经劫难。

1926年，冯玉祥的部队在北撤途中，300万担的粮食和150万担银元都摊派到乔家开设的商号，遭此劫难的乔家商号大伤元气。到了1930年的中原大战，乔家票号大德通，真正是到了生死抉择的时刻。

当时，山西发行了一种钞票叫晋钞。中原大战中的阎锡山失败后，晋钞大量贬值，25块晋钞抵一块新币，几乎成了一张废纸。这种情况下，面对来取款的人，大德通该怎么办呢？

原本晋商也可以趁机发财，发给你晋钞。但当时的晋商并没有这样做，他们把自己历年的公积金拿出来，还按照新币折给你，给你兑换。

本可以乘机捞一把的大德通放弃了最后一次东山再起的机会，几乎把全部积累都投入这有史以来最大的一次赔本买卖中。结果，原本就在困境中挣扎的大德通，雪上加霜，最后造成30万两白银的亏空。两年之后，有着80多年历史的老字号大德通悄然歇业。

事后人们得知，做出这个舍生取义的决定，并不是晋商的一时冲动。他们认认真真地算了一笔良心账，大德通的东家乔映霞说，即使大德通为此倒闭，这样大的一个财团也不至于让自己陷落到衣食无着的地步，但对于一个个储户来说，如果我们不这样做，对他们的威胁将是身家性命。两者相比，孰轻孰重，不言自明。据说乔映霞讲这段话时神情凝重，大义凛然。

这三个故事的主人，都是中国商人。这三个故事的时间，几乎和美国曼哈顿三角衬衣厂的大火发生在同一时代。然而，同在利益面前，同为商人，表现却迥然不同：一边是唯利是图，一边是以义制利；一边是冷酷无情，一边是大义和温暖。

今天，重提一百年前的故事，不用我说，你也能体会非子的用心。这里不用分析，更不用讲解，就别说一个商人了，任何一个人，只要他有公正、良知未泯，作为一个中国人，听了这样的故事，怕也不会不动容、不羞愧。

想想，那是一个多世纪以前的中国，我们的晋商，身处贫瘠，身处战乱，远离法制，但他们却是那样坚定不移、义无反顾地守住了自己的价值边关、道德底线。这样的坚守，若没有深厚文明的积淀，关键时刻，人性怎能如此干净？做出的事情又怎能如此仗义、感人？

再说西方人，20 世纪初，从以揭露和整治社会弊端为主的美国进步运动开始，美国政府已尝试用政府干预的手段来化解社会危机和社会矛盾，而在这之前，政府完全放手让公司和企业自己发展，所以才"惯纵"了资本托拉斯的权力膨胀，以至于垄断托拉斯终于导致了市场失衡的局面。

不久，大萧条来临，1933 年 3 月 9 日，富兰克林·罗斯福宣誓就职后的第五天，政府以"以工代赈"和"制度完善"等举措全面开始干预经济，很快缓解了经济危机，给绝望的美国人带来了希望，把美国带出了由大萧条所引发的低迷与恐惧。

对此，英国经济学家凯恩斯给了罗斯福高度的评价，他把政府干预称之为看得见的手，以此强调了政府干预经济活动的重要性和必要性。于是，政府这只看得见的手和市场规律这只看不见的手联合起来，不但成就了罗斯福总统的百日新政，也为后人开启了一种值得借鉴的经济管理模式。

然而，只要人还有欲望，欲望就离不开利益的追逐；只要资本还是利益的来源，资本仍会无孔不入，改不了贪婪的本性。由此可知，不管是看得见的手，还是看不见的手，似乎都不可能万无一失地阻挡"资本欲望"的侵袭和窥探，只有另一只手——人心里的手——才能最终管住欲望，让自己"老老实实做人"，让资本"认认真真做事"。

如果你真的想听非子的意见，这就是她要告诉你的：一个职业商人，他首先要有人的美善，才会有商业道德；他首先要有人的良知，才

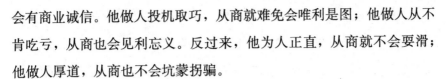

会有商业诚信。他做人投机取巧，从商就难免会唯利是图；他做人从不肯吃亏，从商也会见利忘义。反过来，他为人正直，从商就不会耍滑；他做人厚道，从商也不会坑蒙拐骗。

按照这个标准，晋商做的，已远不止维护了一个生意人该有的道德底线，如大家的明鉴，即使当时丢失账簿的日升昌向京城来的储户言明自己的难处，等总号重新清理账目之后再做安排也是合情合理；即使常氏家族不予以赈灾，单看他们的损失，乡亲们也不会有怨言，能理解；而大德通呢，即使他们趁着新币出台的当儿大捞一把，作为生意人，人家也说不出个所以然。

然而，当晋商在生死攸关时刻选择了义而非利时，他们就等于在死亡面前选择了良知、维护了人间真情；当他们宁愿自己破产也要挽救别人的性命时，他们已经不是在做买卖了，他们是在修为、在做人。

有朋友问非子，在这样一个买卖成风的地球上，还有什么不能买卖的吗？良知——非子回答。唯有良知和根植于良知之上的自律和自觉。这话听起来是那样地天真、理想、不入时，非子仍要坚持说，这是人心最后的堡垒，也是我们做人最后的底线，舍此我们将彻底永无归属，就像一个流浪汉，永远在路上，永无家园！

至今，在世界范围内，恐怕还没有一部法律可以堵住商业运行中的所有漏洞；也没有一种制度，可以保证任何公司和企业在操作上百分百地守信、不违反规范。但只要人心能坚守良知，人心里的法律就能筑起堤坝，阻挡腐败的逆流；只要人心能坚守诚信，人心里的制度就能堵住漏洞，让公司和企业的损失减小到最低度，让百姓的利益在最大限度内有所保障，不受侵害。

尼采说过这样的话，由于人是由他的允诺力所决定的，因此信任是人类存在最重要的一个条件。正是在这种一致性之上，才有了人与人之间的良性合作，也正是在良性合作之上，才有了一个社会长足的稳定与发展。

是的，信任是人类存在的一个最重要的条件。因为信任是人生的潜在契约，正是在这种人间契约之上，社会的发展才能走入良性循环；但是反过来，仅以民生为例，如果一个社会的产品总是出现质量问题，假冒伪劣，那民众的信任度该如何保持？如果人与人之间没有了信任，那这个社会的机制该如何正常运行？

也因此，一个职业商人（包括企业人），他肩负的不仅是产品，还有德行；不仅是交易，更有做人。正因为经济是民生之本，也许可以说，商人，特别是民生商人，他应该是离百姓最近的福星和福缘。为百姓，商人当该时时心存民生、设身处地；为百姓，商人更该事事将心比心、推己及人。

这就是人心里的那只手，只有它，在由安全与和谐构筑的天平上，除它以外不可能再有最终的支撑和信赖。因为，五千年文明给我们的不仅是一部文化史，更给了我们得以长存的永恒价值，连同我们成为中国人的根基和血脉。

这一点在非子看来并非理想，因为就在一百年前，我们的儒商已经为我们做出了榜样，开启了先例。作为后人，若不是长江后浪推前浪，我们怎能面对祖宗；作为学生，若不是青出于蓝而胜于蓝，我们就有愧于自己的文明。

这样的理念，不仅应该是每一个公司的哲学，想必也是全国百姓的企盼。

你同意吗？

六、觉知的信念：中国精神

遇见
觉知的自己

这也是为什么，当整体让一个民族受尽苦难又迎来振兴时，它背后的文化必有整体的支撑；当整体让一个铁腕强国变成废墟时，它应该反省的不是它失败的技术，而是它看待世界的方式。

问：现在书店里有关意念力的书很多，比如《气场》、《潜意识》、《21世纪意念力》，等等。随手翻看，也觉得很给力，但我觉得，还有一种意念力，似乎就是一意孤行或强化的任性。最近读了一篇文章，文中说："战争起始于人的侵略冲动，而人的侵略冲动则来自于他强大的意念力。"感觉有道理，又不可思议。

我想问的是，意念力有没有对错之分？如果有，怎样避免错误、选择正确？不然的话，意念力越强大，破坏性就越大，那不就等于说，人的信念越强大，世界就越没有安全感了吗，那岂不太可怕了吗？

非子：这可真是个大问题，但也非常具有建设性。看来关心这个问题的人不止一二。这两年关于意念力的书比比皆是，似乎还真有意念力主宰未来人的架势，非子也一直在想这个问题。现在就谈点个人的看法。

先看什么是意念力。通俗地讲，意念力就是根植于一个明确想法之上的聚合力，它有一个明确的目标，也有为目标奋斗到底的决心，而且与一般决心有本质的差别：一般决心也许会动摇或改变，但意念力之上的决心通常不会动摇也不会改变。因为目标明确，所以决心坚定。由此也可以说，意念力就是信念。

从这个角度上讲，你所说的"意念力就是强化的任性"也不无道理。事实是，意念力确有对错之分——积极意念力和消极意念力，或可称作公正意念力和反动意念力。后者在某种情况下也可以叫作一意孤行的"任性"，尽管此种任性对某些人来说并非情绪的使然，而是基于一种明确的想法和信念，但无论如何，只要这种想法根植于反动意念，那么它的破坏性就无可避免，而在历史上，损害人类文明和生命的破坏早有先例。

比如，英国国王查理一世就是一个意念力极强的国王。他相信君权神授，自己就是上帝的授权人，是上帝派到人世间的最高权威，拥有无上的权力。

在他的宴会大厅里，他请画家把他的父王描绘成一个圣徒，还把英国的对外扩张描绘成按照上帝的意志进行的一种征战。在他的心目中，这些油画意味着上帝赋予的神圣君权，也寄托了他对开疆扩土的欲望和野心。结果，由于他的做法背离了民族利益，失去了民众的支持，最终被送上了断头台。

不光查理一世，德国的威廉二世也是一个被反动意念力毒化了的统治者。他大肆叫嚷，上帝就是派我们来支配和统治所有的民族。结果，带着狂妄的野心，普鲁士传统中固有的军国主义倾向被威廉二世再次召了回来，终于把德意志带进了战争的深渊。

希特勒就更不用说了，他不但认为自己是"上帝的选民"，甚至他还无比霸道地扬言，他每一次的疯狂侵略和屠杀都是因为他"听到了上帝的声音"。

日本军国主义分子信武力、信强权，这让他们从军国主义信念里结出的果实更苦涩，也更野蛮。

"九·一八"是我们中国人永远的国耻日，但如果你了解到该事件发生的始末，你会对基于反动意念力之上的任性行为有更感性的认识。

1931 年 9 月，日本陆军参谋本部作战部次长建川美次从日本转经朝鲜来到中国东北。他身负日本参谋本部的重要使命，准备在 9 月 28 日组织一场阴谋大事变。9 月 15 日，建川乘坐的火车还在路上，日本关东军少佐军官石原莞尔、板垣征四郎等四人就在奉天特务机关会议室，密谋如何对付建川美次的到来。

板垣拿了一支铅笔竖在桌子上说，问天命吧，铅笔往右倒就不干了；往左倒咱们就赌了。结果铅笔往右倒，计划眼看要终止了，这时四个人面面相觑，突然有人大喊一声："你们不干，我一个人干！"这句话说出了四人的心声，于是，原定于 9 月 28 日采取的行动提前到了 9 月 18 日。

遇见
觉知的自己

建川美次 9 月 18 日晚到达奉天，当晚在一家日式酒家被人灌醉，次日醒来，日本关东军已经占领了北大营，"九·一八"事变爆发了。

这就是"九·一八"的内幕。如此地一意孤行，如此地"任性"，其反动意念，昭然若揭！

然而，就是这四位在军国主义信念下开始的疯狂的"任性"，从 1931 年 9 月 18 日开始，把偌大的中国推进了前所未有的战争苦难。而最让被侵略者无法忍受的是，历史上所有的侵略者几乎都一样，都是一面对被侵略国人民肆意暴虐，一面又打着美丽的幌子，装出一副"老大哥"、"救世主"的样子。

就像南京大屠杀的制造者、甲级战犯松井石根在远东国际法庭上的一段描述，提起中日战争的性质，他说："这就像在一家内，当哥哥的实在无法忍受弟弟的乱暴而打了他，这是因为太爱他而促使他反省的手段。"

这也是为什么，同样是甲级战犯的土肥原贤二在法庭上除了"主张无罪"后就没再说一句话了。想必在这个特务出身的侩子手的心里，他到死都认为，他是在履行"哥哥帮弟弟"的职责呢。

这就是反动意念力的反动，也是反动意念力的霸道！但这样的霸道在"二战"结束后似乎并没有终结，反以各种面目更加肆无忌惮地活跃了起来。尽管在某些人那里，他开始的行为并不是出于反动信念，但只要不是从整体出发，只要他的信念带有个人野心的种子，那个种子迟早会萌发，以至于他开始的公正终会在他膨胀的野心里走到公正的反面。

第二次世界大战刚结束，倡导"霸权主义"的美国总统杜鲁门就说过："今日世界的所有国家都面临着对两种不同生活方式的选择，一种是以大多数人的意志为基础的自由制度，一种是以强加于大多数人的意志为基础的极权政体，而美国政府必须支持那些自由国家的人民抵抗武装的少数人。"随后杜鲁门又强调，"无论在什么地方，无论直接或间接的侵略威胁了和平，都与美国的安全有关。"

杜鲁门第一段话的言外之意是：各位听好，从现在起，美国的生活方式是全世界的样板，是唯一可以给你们幸福的方式，是唯一使你们成为自由人的方式，如果你们不选择这个方式，就意味着你们不热爱自由，热爱极权。那样的话，美国就有权干涉你们的事务，帮助你们，直到你们选择了和我们一样的生活方式为止。

杜鲁门第二段话的言外之意就更加"信念"化了，意思是：不管在世界的哪一个角落，只要你直接或间接地威胁了世界和平，那就等于说你威胁到我们家的和平，我们美国人都得管。因为，我们美国在世界的任何一个地方、任何一个角落都有自己的利益，而美国的利益绝对不容侵犯。

这恐怕就是美国屡屡发动战争的根本原因——自由与安全，包括经济利益和经济安全。这两个终极理由，再披上民主的外衣，美国就有了向任何国家任何地区以任何方式在任何时间发动战争的合理的说辞。

在《站在越战纪念碑前》这篇散文中，情感之正义、思考之深邃、读来颇像一篇檄文，引发共鸣。

尼采将历史分为三种，其中一种是纪念碑式的历史。而那纪念碑的历史，通常都会凝固成一种强大的思想和传统，成为后人难以挣脱的锁链。所有被历史固化的东西，就不再是具体的物象，它的身上层层积累着现实的风霜。

我格外看重这座纪念碑，是因为，它借着将一场战争合法化，成为民主与自由的化身，成为一座战争的圣殿，开启了美国的一系列战争。……

但越战与其他战争不同，越南战争是美国历史的分界线，越战纪念碑就此也成为了一道分水岭。它表面上是对一场战争的纪念、总结与承认，却确立了美国的国家精神，下定的是在"自由"的名义下，将战争进行到底的决心。被固化了的历史，经过层层的积累，不断地积蓄力量，使每个后任者都无法逃脱这个历史的锁链。

遇见
觉知的
自己

244

我不敢轻视这样一座纪念碑，还因为美国的自由与民主不为人觉察地经由越战纪念碑确立为美国的意识形态。在有人宣称"意识形态"已经终结的时候，"民主与自由"以强势语言，悄悄地成为笼罩在全世界的一种意识形态，成为美国讨伐异己的高尚的奉辞。……

站在这样的地方，不禁想起兰克的一句话：世界上的大国精神，都是伟大与卑劣的存在。在我的眼里，这座纪念碑同时树起了美国的伟大与卑劣。它的正面是民主神话的美丽与炫目，背面却是唯我独尊的狰狞与冷酷，最深处是根深蒂固的"西方文明优越论"。

布什每一次战前的动员中，都把即将发起的战争称为"文明世界对野蛮世界的战争"，"文明对野蛮的改造与拯救"。如果你想了解美国，了解美国的伟大与卑劣，了解美国为什么成为地球上的战争之国，了解为什么那么多的美国人攻打伊拉克，来到越战纪念碑前，你就会豁然明了。

正如美国人极端的性格一样，美国精神将伟大与卑劣都表现到了极致。在文明的借口下，所有与美国的种种不同，都会被视作开战的理由。在越战纪念碑前你就会明白，美国为什么会成为战争之国。越战纪念碑蕴蓄着人性与政治的搏斗，它的背后掩藏着人性的呻吟和反抗。

……

在《天与地》里有听过这样的呻吟和反抗，这是根据一部真人真事改编的故事。

越南中部一个生产稻米的村落，冯家生了一个叫黎里的女孩，她和其他当地人一样，以天为父以地为母，过着平静的生活。但从幼年期，黎里便开始经历战争的摧残和生活的磨难，却没有想到，命运把她带到了一个叫美国的地方。更没有想到的是，把她领到这里来的史蒂夫，一个在越南温存体贴的美国大兵，此时却变成了一个酗酒、满口脏话、充满着暴力喧嚣的野蛮人。

来美国后的黎里十分富足，内心却非常痛苦。开始，她无法理解丈夫的暴虐，很快，当她得知史蒂夫的"工作"是为美国政府贩卖武器，并被派往美援国家去教授杀人时，她的精神几近崩溃。她没有想到，自己逃出了祖国的战火，自己的丈夫却仍在帮助政府去屠杀别国人民！

一天，怒吼的史蒂夫用枪顶住黎里的头，险些要了她的命。为此黎里毅然提出与史蒂夫分手。但当她与禅师倾诉了自己的痛苦，禅师告诉她，"如果你不接受史蒂夫，只会增加你自身的罪孽"时，黎里决定，再给史蒂夫一次机会。

黎里拨通史蒂夫的电话，告诉他："我爱你，史蒂夫，我爱我在越南见到的史蒂夫，他还在，我要把他找回来……"此刻接听电话的史蒂夫却是泣不成声，泪流满面。顿时，一片阴影向黎里袭来，她赶到史蒂夫的住处，看见的却是死去的丈夫，在长久暴虐与愧疚中不堪负重的史蒂夫终于赤身裸体地崩溃了！

想必史蒂夫就是想用这种方式来结束自己的罪恶吧，脱去魔鬼的服饰，扯下虚伪的外套，以一个人来世的方式告别人世，在史蒂夫心里，也许这就是他能够给予他深爱着的东方女子唯一的也是最后的爱了。

1978年获第51界奥斯卡最佳故事片奖的影片《猎鹿人》，也讲述了一个越战中人性扭曲的故事。

宾夕法尼亚三个钢铁工人迈克尔、史蒂文和尼克在越战时期来到了越南。临行前史蒂文与怀孕的女友举行了婚礼，婚礼也成了三个年轻人的告别聚会。婚礼结束后，三人一同去打猎，迈克尔以神奇的枪法击中了一头雄鹿，但他仍神情忧郁，因为在他心里这就等于是拿生命做赌注。

战场上，没过多久，三个好友同时成了越南的俘虏。越南士兵逼迫他们用左轮枪玩俄罗斯轮盘赌。尼克吓得半死，迈克尔却很镇定，他趁机抢了越南士兵的枪，与同伴一同逃出俘虏营，但逃出后大家又失散了。

迈克尔和史蒂文回到了美国，史蒂文终身残废，住在疗养院不愿回

遇见觉知的自己

家；迈克尔虽然安然无恙，但精神已不复当年。当迈克尔得知尼克还活着，并住在西贡时，他返回越南找到尼克，但此时尼克已经麻木不仁。尼克在迈克尔面前玩俄罗斯轮盘赌，这次他饮弹身亡。

上述两部片子都曾获得极大的反响，因为都是悲剧，全片都沉浸在一片迷惘与忧伤中。好莱坞导演的确堪称讲故事大师，当他们把一个个惊心动魄又催人泪下的故事讲到你心里时，你在心里一遍又一遍问的不是这个故事是真是假，而是："美国啊美国，你到底是什么人?! 对本国人民，民主与自由是真诚；对他国人民，民主与自由是强权。在软实力里，拷问良知的反省足够深刻；在硬实力里，武力与霸权的使用毫不手软!"

终于从兰克的睿智里读到这样的结论："世界上的大国精神，都是伟大与卑劣的存在。"感叹之余，也有无奈。当然，人毕竟是人，既然人的缺点是优点，优点也是缺点，那么伟人恐怕也不例外，甚至伟人的优缺点与普通人比来得要更分明，也更决然。这也许就是爱默生那句话的深意了："最优秀的人们往往是由他们的缺陷构成的。因为只有那些具有强烈情感的人才有可能成为伟人。"

而所谓的"美国精神"和"美国方式"也在美国人特有的信仰里发挥到极致。比如，在美国的教堂里你随处可以听到这样的祷词，"你是独一无二的，是上帝的形象"，或"上帝的化身"。

想想，你有一个孩子，打从他一生下来你就一再对他说，你是上帝的形象、上帝的化身。他会怎样？闭上眼睛好好想想那个场景：一个小孩子从小到大，打从襁褓里就每时每刻听到这样给力、这样宏伟的信念，他会怎样呢？他会相信这一切就是真的，没有怀疑，没有错觉，他就是上帝的形象和化身。于是从他内心深处就会涌动出一股前所未有的感召力和使命感。

然而无论是意念还是信念，它都是一把双刃剑。具体到一个被上帝的"占有"孩子，他要么会用上帝的美德来要求自己，做一个表里如一的上帝的形象、化身、代言人；也有可能相反，待他长大的那一天，他意念力聚集的并不是上帝，是魔鬼，而他却坚信，这个充满破坏力量的魔鬼并非邪恶，那是上帝给他的使命和责任！

面对人类无可置疑的诡异性和诡辩才干，人似乎无能为力了。如果任多么无理的举动都有合理的说辞，任多么霸道的横行都有正义的遮掩，那人类还有指望吗？人类永久的和平该如何缔造，如何实现?!

忘记过去就意味着背叛——这句话，说在世界反法西斯战争胜利后半个多世纪的今天，每一位有着忧患意识的志士与国民，怕都无法忘记两次世界大战给地球人带来的苦难。有数字显示：

第一次世界大战波及 33 个国家，死亡 1000 多万人。

第二次世界大战波及 81 个国家，死亡 5000 多万人（其中 600 万犹太人）。

此外还有那些因战争而永无团聚的家庭，因战争而患上心理疾病的士兵和为这些士兵备受折磨的妻子、家属和后代。

参加过硫磺岛战役的美国士兵阿尔·贝里说："战争没有胜利者和失败者之分，我觉得没有谁是硫磺岛之战的胜利者。我们之间只是互相残杀，我们所做的一切都愚蠢至极。"

贝里说自己回国后，精神上饱受折磨，妻子也无数次看到贝里因噩梦从床上滚下来。另外，贝里一旦进入狭窄空间，即使是在车里或者是在电影院被人群包围时，都会产生难以表达的不安，他还经常有从高处往下跳的冲动。显然，贝里是患上了广为人知的"创伤后精神紧张性障碍（PTSD）"。

实际上，不光是阿尔·贝里，后来从越南和阿富汗战场上归来的士兵也有很多人患上了这种病：极度紧张，极度敏感，莫名地狂躁、暴怒，有杀人的冲动，无法过正常人的生活。

说了这么多，只想证明一件事，即反动意念力也即反动信念无可置疑地给人性造成过创伤，给地球人带来过痛苦和磨难。当然，按照爱默

遇见觉知的自己

生的说法，"事物都有一种自我矫正的能力。战争、革命能粉碎邪恶的制度，使得万物能够形成崭新的、自由的秩序"。同样，"没有敌人，也不会出现英雄。假如宇宙不混沌黑暗，太阳也不会显示出其灿烂的光辉"。

不能否认，这样的大宇宙观并无错误，对战争和邪恶的达观也能从一个积极角度修复创伤，修复人性。然而在战争这一问题上，从战争里逃出来的地球人，如果仍是寄望予自然的调节，或对立面事物的调节，那我们就太麻木了，果真那样，我们所要承受的牺牲将无法想象、无法杜撰！在今天这样一个高科技遍布全球的地球村，别看处处繁华，处处光艳，一旦战争爆发，分秒之内，惨烈的后果怕是没有时间让我们唏嘘和悔恨！

纪念反法西斯战争六十周年，关于"二战"和抗战的书籍布满了多家书店，手捧书卷，重温历史，无限感慨。此后不久，各种有关潜能、意念力的书籍也最为抢手。当然，按照马斯洛人之需要的理论，在满足了生存、安全、自尊和爱的需要后，我们的国人，也已然向着自我实现的需要迈进了。但也正是在这样一个关键时刻，给潜能和意念力把好舵，让人明白潜能和意念力的"中性"特质，从而懂得正确的选择，让被挖掘出的潜能和意念力从一开始就置于积极的磁场，实在是每一位人该有的觉知与敏感。

事实上，在正确人生观的指引下，潜能和意念力的开发已给地球人带来了诸多的好处，比如创造上的积极性和主动性；奋斗中的目标与恒心；病痛中的信念与对信念的坚守；危难时刻的牺牲精神等。也因此许多看似平凡的人和事，在潜能和信念的带领下都能显示出别样的精彩。这点每一位"亲历者"都有体会，这里不多述。

然而只要人的人生观有偏差，或者他在某件事上的态度有不正和倾斜，那么，潜能和意念力的开发只能让他在倾斜的路上越发倾斜，在不正的选择中越发错误。于是，又要挖掘潜能，又要避免野心；又要培养

249

意念力，又要防止破坏。左右摇摆惯了的地球人，我们该怎么办？

觉知——唯有觉知——除觉知以外我们已不可能有第二条出路。

什么是觉知？

觉知就是了解。

了解什么？

了解整体的意愿、创造、运行和分派。

首先，整体造人绝不是为了让人类相互厮杀，而是要让人类享受生活、享受生命、享受由生命之歌带来的安然与和美；其次，整体创造不同的国家，一定和他创造不同的人一样，即给每个国家不同的肤色、地域、服饰、语言，也给他们不同的文化、宗教、信仰和精神，以便让他们在自己的文化里徜徉生息，同时也给世界文明添一份参照，涂一抹多彩。

广袤非洲大地给非洲人民的智慧，恐"文明"的美国人无法企及；印第安人看似"原始"，但古老印加文明给印第安人的才干，怕"先进"的美国人也难以学会。这也是为什么，当远离自然的焦虑让今天的美国人倍感恐慌时，回想祖先对印第安人的杀戮，他们终于明白，自己当初干了一件多么愚蠢的事。

对此，美国作家尼德曼的反思足够痛心："现在，我们在更深层次上要问的是，在对 America 印第安文化的打击中以及对他们男女老少惨无人道的肆意屠杀中真正被毁灭的是什么？被毁灭的不仅仅是他们的生活方式，我们同时还失去了一种观察事物的方式——一种比我们更高级的眼光。"

什么是尼德曼所说的眼光？

就是看待世界的方式。

每个民族都有自己的生活方式，也有自己看待世界的方式。此方式既来自于它的历史、文化、宗教或信仰，也有整体给它的使命和因缘。此因缘和使命不可轻易扼杀或破坏是因为，它承载着历史的诉说，也凝

遇见
觉知的自己

聚着一个民族的理想与梦幻，此梦幻根植于本民族的价值体系，一旦这个体系被破坏，强迫的民主势必会走到民主的反面。

这也是美国人有过的教训：为改造印第安人的"落后文化"，初来北美的美国人把 30 万土著印第安人赶进集中营，强迫他们洗浴，以养成卫生习惯。而当印第安人因生活不适而大批死亡，以至于濒临灭绝时，美国人明白了这个道理。

这说明，每个民族都有自己的价值体系，这个体系有可能你不看好，但人家适应、喜欢；即使你坚持认为你的最好，你也只能因势利导、顺其自然，不可施以强暴，更不能用武力来残害他人或毁灭人性。事实证明，对每一个平等的民族，民主的进程似乎比民主的说辞更现实，让自己学会管理自己似乎比高喊的自由更符合人性。

由此，整体不会以肤色划分高低，也不会以贫富来标志优劣。因为整体明白，每一个"高级"中都有低级的因素，每一个"低级"里也有高级的潜质。而且整体眼中的富足也绝非世俗定义的金钱，当整体说富足时，这意味着物质的平衡和进取的精神。

奥修讲过一个故事：

老子的一个门徒当上了法官，他在法庭上审理的第一个案子与小偷有关。小偷承认自己偷过东西。案子很清楚——小偷已经承认，东西也找到了——但老子的门徒对这个案子的处理似乎很奇怪，他把小偷关了 6 个月，把被偷的人也关了 6 个月。

那个被偷的人当然很生气："凭什么呀？这太荒唐了！我被偷，还要被判刑——公理何在？！"

老子的门徒说："因为你积累得太多了。如果要追究问题的根源，可以说，小偷是你招来的，是你过分富有让小偷有了偷你的冲动。整个村里的人都很穷，几乎都在挨饿，而你一直在聚敛财富。所以依我看，你才是真正的罪犯。整个事情都是由你起头的。那个小偷不过是一个牺牲品，我知道他控制不了自己，那是他的错。但是你积累得太多了，财

251

富要被某人过分积累，社会就无法保持道德了。无法保持道德，小偷就会出来，各种不道德的事就会发生。所以，每件事都要有一个度数。"

所以奥修告诉我们：

要永远记住，生命从来不会不公正。如果它看起来不公正，肯定是你做错了什么。你肯定在什么地方超出平衡了，然后生命才显得有点不公正。如果你感到不公正，你最好检查你自己，你肯定做错事了，你受到了惩罚。所以，保持平衡，你就在天堂里；失去平衡，你就在创造地狱。

也因此，让整个世界保持平衡，无疑就是整体创造多元形态和多元文化的初衷。因为只有多元能保持世界的平衡，还有自然的平衡。自然就是多元的，自然界不可能只有羚羊，也不可能只有老虎，自然界一定要同时有羚羊、有老虎还有其他更多的动物，自然界才能保持平衡，免去极端的灾祸。

同样，世界也是多元的，不是单元的，不管是某个人、某个国家或民族。如果一个人否认多元的存在，不但他享受不到生活的乐趣，他还会因为自己的短视而做错事，最终让自己受苦。世界上不可能只有一种人，也不可能只有一种生活方式。如果你坚持认为世界上只有一种人和一种生活方式，那你就是犯了老子和奥修说的极端的错误，那你就是在创造地狱，那你就该受到惩罚，这是早晚的事。而在半个多世纪前发生的那场世界性灾难，说到底，就是两个否认多元的法西斯犯下的滔天罪过。

自信有两种，一种根植于实力，一种根植于文化。有实力而少文化，个人的自信就少了与整体的链接；有文化而少实力，文化不但会给他实力，即使他得到实力，他仍会按照文化的旨意与人相亲、与国共处。因为真正的文化原本就是整体的意愿，如果整体把一个大文化给了某个国家和人民，一定是相信它和它的人民有能力在平衡世界的使命中担纲重任。

这也是为什么，当整体让一个民族受尽苦难又迎来振兴时，它背后的文化必有整体的支撑；当整体让一个铁腕强国变成废墟时，它应该反省的不是它失败的技术，而是它看待世界的方式。因为看待世界的方式就是种子，你播下什么样的种子，你就收获什么样的果实，而"种瓜得瓜、种豆得豆"的普遍意义就在于，它适用于每一个国度，也适用于每一个时代。

　　来世一场，每个人都有使命，每个国家也有使命，且国家与人一样，其使命并非全是轰轰烈烈，浓墨重彩。有人一路高歌，有人钟情小调；有人乐意张扬，有人喜欢内敛。作为地球上的平等人，谁也不能说张扬一族就肤浅轻浮，但张扬族也没理由对内敛族吆五喝六、指手画脚。同为整体的造物，你有你的生活方式，我有我的生活方式，且你我相互学习，互相帮助，又各不相扰，才是一个公正的地球人该有的觉悟。

　　这就是觉知，这就叫了解。这样的觉知和了解只有在整体的高度才能瞥见；一旦偏执于局部，又偏执于自己的信念，由反动信念导致的破坏将注定错上加错，罪上加罪！

　　我们看待世界的方式，即便在苦难深重的年代，也未因我们的善良而磨损我们内里的坚强，更未因我们机体的贫弱而遭到整体的忽略。事实是，有太多正直、有见地的西方人一直给予我们深切的同情与关爱。英国社会学家罗素就是其中的一位。

　　罗素在他的《中国问题》中这样评价中国人：

　　"无论在上流社会还是底层民众，中国人都是安然沉着的，显示出一种尊严，即使那些受过欧洲教育的人也不例外。无论从个人角度还是国家角度，他们都不屑于肯定自己，因为他们自信到极点，不需要这种肯定。他们也承认在军事力量上敌不过那些西方强国，但并不认为用杀人的方式就可以判别国家之优劣。我感到，他们在内心深处确信中国是世界上最伟大的国家，具有最美好的文明。……

"最让欧洲人感到惊讶的是中国的忍耐性。受过一定教育的中国人都能十分清楚地感受到外国的威胁。他们知道日本人在满洲和山东的种种侵略行为，也知道英国人在香港破坏广东建立好政府的作为，还知道世界列强都虎视眈眈地盯着中国未开发的煤铁等资源。他们也知晓日本人的做法：发扬野蛮的军国主义，制定铁律，推动新宗教，以此来抵制西方文明的侵略。然而中国人并不去模仿日本人的做法，但也不完全听凭外国势力的入侵。他们想到的不是近十年要做的事情，而是长达万年。

　　"我们说中国是一个文明实体，这比说它是一个政治实体更为恰当，这是唯一从古保留至今的文明。自孔子时期以来，古埃及、巴比伦、马其顿、罗马帝国相继灭亡，只有中国在不断进化中存在下来，尽管受到过去的佛教、现在的科学等外在的影响，但佛教并没有让中国人成为印度人，科学也没有让他们变成欧洲人。我们接触了一些中国人，他们对于西方科学的了解并不下于我们的一些教授，但他们并未因此而一边倒，也没有因此而丧失同本国人的联系。他们对西方那些坏的东西如残忍兽性、焦虑烦恼、欺负弱者、耽于物欲等，是心知肚明，而且一概排斥，对于那些好的东西，特别是科学，则全盘接受。

　　"我们可以说，中国旧文化已濒临灭亡，其文学艺术也开始改变。孔子已不能满足现代人的精神需要。那些受过欧美教育的中国人已经认识到，应该向中国传统文化中增加新的部分，而我们的文明正是他们需要的。但中国人并不把我们的东西全盘接受，这正是中国的希望之所在！因为中国如果不采用军国主义那一套，将来产生的文明也许比西方已有的种种文明更为先进。"

遇见
觉知
的自己

　　罗素讲这番话时，中国还处在 20 世纪 20 年代，今天再看罗素的话，我们无法不感谢这位睿智的英国人对中国人民的由衷赞美和理解。为什么在那样贫瘠的年代，中国人仍能显示出一份沉着的自尊？为什么我们明知日本与西方列强无不靠侵略起家，却依然没有像他们一样穷兵黩武，以恨抵恨？

因为我们知道，天地间唯"仁义"是人类的终极道义，人与人之间唯"仁和"是人类最终的归属和家园。而讲究仁义与仁和也绝不意味着我们就任人欺凌、任人宰割，这一点，八年抗战，当日本人使尽惨绝人寰的暴虐却发现中国人非但不服软反越战越勇时，他们才明白，中国人是怎样一条不畏强暴的汉子，"中国精神"是怎样一种不屈不挠的精神！

也因此，根植于整体的中华文明，终于成就了五千年不倒的中国人，对此中国军事学者蒋百里讲得好："中国民族大文化的妙处，就是同化的攻势和武力的守势；取攻势我们用不着杀人，取守势我们可以拼命。"

但我们不想轻易拼命，不是我们害怕谁，而是在这样一个你中有我、我中有你的世界，我们更不想他人失足，导致大家一起受苦受难。这就是真自信的根基，也是大自信的内敛：他不但爱自己，他也爱别人；他不但自己受苦知道痛，他看别人受苦也能感同身受；他从不藐视任何民族与国家，因为他明白，四海之内皆兄弟；他从古至今最热爱的一件事就是和平，因为他懂得，渴望和平绝不意味着贪图安逸，为了我们的子孙后代，我们有太多的事要做、要完成、要实现，舍此我们就无法安心，对整体也没法交代。

事实上，没有平等，就不会有民主；没有公正的民主，自由就永远是空谈。而不管是与人相处还是与国相处，相互尊重都应该成为首要前提，这就是那个大道理——"己所不欲，勿施于人"和"己所欲，施于人"了：你不想让人家那样对你，你就不要那样对别人；你想让别人那样待你，你首先就得那样待别人。

这就是中华文明养育的中国精神，这样的精神看似缺少意念力，但正是这份觉知的信念让我们中国人多了一份内里的平和与自尊，也让我们看待世界的方式多了一份圆融，少了一份绝对。我们不屑与人争胜，我们更看重人与人之间的和谐；我们也不想与人为敌，因为我们明白，你给了别人多少痛苦，你将会承受加倍的苦难。

当老子告诉我们"居善位，心善渊"时，我们的理解是，"处在正确的位置，一颗善良的心，方才博大深远"；当孔子告诉我们"智者不惑，仁者不忧，勇者不惧"时，我们懂得了，智慧与仁爱之上的勇气，才堪称正直的大义大勇。

当今世界，贫富不均、经济不稳、人口暴增、老龄蔓延、能源危机、金融危机、信任危机、信仰危机、气候变暖，种种问题，太需要地球人同心协力，同舟共济。其中大国的作用不可忽视，大国的责任更无法推卸。为此，不管与国相处还是与国共事，只有依仗宏观，才有到位的微观；只有依仗整体，才有局部的准确。

这就是觉知，这就叫了解。也是在这个意义上可以说，中华文明堪称一部觉知的文明，中华文明养育的中国人堪称一个觉知的民族。这样说并不意味着我们每一个国民都已经达到了觉知的觉悟，仍不能否认，五千年文明给我们整体国民一种觉知的方式，也即从整体看待世界的方式，成就了我们中国人。

仰仗这一方式，我们热爱和平，也不惧怕战争；我们以德报怨，也坚守底线；我们从不嫌贫爱富，不管对近邻还是远客，我们都一水持平；我们也不会无理取闹，制造事端，为显示自己的优秀和能干。因为我们明白，优秀从来不是个人的自封，那是他人的赞誉；强大更无须靠欺人取乐，不管是一个人还是一个国家，就因为他强大，他才不屑于对抗他人的缺点，而是爱护他人的优点。

这就是中国精神——以整体为起点，以整体为利害，以整体为准绳。这个意义上可以说，文化——远非时尚的生活或先进的技术，根植于整体的文化是兼顾自然的平衡，是无私无畏的大爱，是你有你的主张我有我的道法的大原则，是无论在怎样境遇下都能怡然自得的大情怀、大自在。

记得，人民教育家陶行知说过这样的话：

"凡是脚站中国土地，嘴吃中国五谷，身穿中国衣服的，无论是男女老少，都应该爱中国。我是中国人，我爱中华国。中国现在不得了，中国将来了不得。"

因为，

觉知的中华文明，值得我们爱；

觉知的中国精神，让我们受用。

后 记

蒙田说，最深的痛是安静；我发现，最深的谢是无言。

这点不光我，很多人都有体会，特别是在电流里，感动至极。你怔怔地举着话筒，不管心里多热乎，对着那想说谢字的人，就是说不出什么来。对此，文人叫它语言的苍白；我说那不是苍白，是留白。心灵自有留白的觉知，是语言的不幸，是人的幸运。因为大凡关乎心灵层面的表达，很多时候是不用说的，可谓不可言传，只可意会。而在意会中，相知的默契胜过语言。

以上就是我这两年的体会。去年至今年，从上本书到这本书，先是《女人的暧昧也精彩》，后是《遇见觉知的自己》，从书名的构想到封面语的斟酌，从书稿的审阅到篇章的修改，无论是我的责编棠静，还是本书的运作者李鹏老师和她的团队，她们的辛苦历历在目，她们给我的帮助和灵感更与这两本书一样，化作我心里的正能量，让我在奋斗的路上不孤单，在爬格子的旅途更觉知、更信念。

为此，简单的谢字就言不尽意了，宁愿说一句：让年轻为你们驻足，让健康与你们相伴；让我的幸运吸引更多的幸运，再传给你们，让幸运成为你们的代名词；让快乐化作一股喷泉，喷出一方翠绿、一片蓝天，永远为你们。

这就是非子给你们的祝愿。

陈非子

2013 年 2 月 18 日星期一